海上大气波导技术与应用丛书

U0163161

大气波导环境中
海上电磁波传播特性分析

崔萌达　田斌　察豪　葛晶晶　计君伟　张黎翔◎著

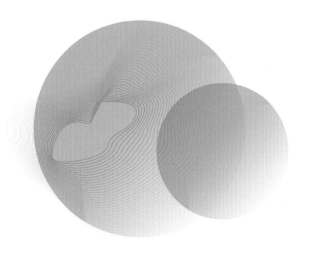

长江出版传媒

湖北科学技术出版社

图书在版编目(CIP)数据

大气波导环境中海上电磁波传播特性分析/崔萌达等著. — 武汉:湖北科学技术出版社,2022.2
(2022.5重印)

ISBN 978-7-5706-1798-2

Ⅰ.①大… Ⅱ.①崔… Ⅲ.①海上传播－对流层传播－大气波导传播－电磁波传播
Ⅳ.①TN011

中国版本图书馆 CIP 数据核字(2022)第 010841 号

大气波导环境中海上电磁波传播特性分析

DAQI BODAO HUANJING ZHONG HAI SHANG DIANCIBO CHUANBO TEXING FENXI

责任编辑:张波军　　　　　　　　　封面设计:曾雅明

出版发行:湖北科学技术出版社　　　电　　话:027-87679468

地　　址:武汉市雄楚大街 268 号(湖北出版文化城 B 座 13－14 层)

邮　　编:430070　　　　　　　　　网　　址:http://www.hbstp.com.cn

排版设计:武汉三月禾文化传播有限公司

印　　刷:湖北新华印务有限公司　　　邮　　编:430035

开　　本:787×1092　1/16

印　　张:10.25

字　　数:136 千字

版　　次:2022 年 2 月第 1 版

印　　次:2022 年 5 月第 2 次印刷

定　　价:120.00 元

国家自然科学基金资助（41975005）

主要符号说明

符号	含义	符号	含义
n	大气折射指数	N	大气折射率
m	大气修正折射指数	M	大气修正折射率
T_a	气温（℃）	T_s	海表温度（℃）
V_w	风速（m/s）	R_H	相对湿度（%）
N_p	位折射指数	e	水汽压（hPa）
L	电磁波传播损耗（dB）	F	电磁波传播因子（dB）
k	自由空间电磁波波数	p	波数谱变量
z	高度	x	距离
PE	抛物方程	DMFT	离散混合傅里叶变换
SSFT	分步傅里叶变换	LSM	分段线性地形变换
RT	射线追踪	RO	射线光学

希腊字符

符号	含义	符号	含义
σ	目标的雷达截面积（m²）	θ	掠射角
λ	波长（m）	ρ	粗糙度衰减因子

目　　录

第1章　绪　　论 ……………………………………………… (1)

1.1　研究背景和意义 ………………………………………… (1)

1.2　国内外研究历史与现状 ………………………………… (3)

　　1.2.1　大气波导环境特性的研究历史与现状 …………… (3)

　　1.2.2　电波传播模型的研究历史与现状 ……………… (8)

第2章　海上蒸发波导条件的预测 ………………………… (15)

2.1　海上大气折射 …………………………………………… (16)

2.2　蒸发波导 NPS 模型 …………………………………… (17)

　　2.2.1　NPS 模型 ………………………………………… (18)

　　2.2.2　NPS 模型验证 …………………………………… (19)

　　2.2.3　气象参数对蒸发波导高度的影响 ……………… (19)

2.3　舰载平台风速测量与修正方法 ……………………… (23)

　　2.3.1　超声波测风原理 ………………………………… (23)

　　2.3.2　倾斜条件下的测量误差 ………………………… (24)

　　2.3.3　相对运动产生的误差 …………………………… (26)

　　2.3.4　仿真与试验验证 ………………………………… (27)

2.4　海表面温度的测量及修正 …………………………… (29)

　　2.4.1　红外温度测量及影响因素 ……………………… (30)

　　2.4.2　海表面温度测量模型 …………………………… (31)

　　2.4.3　海表温度的修正 ………………………………… (33)

　　2.4.4　温度测量模型的验证 ┄┄┄┄┄┄┄┄┄┄┄┄┄┄┄（35）

第3章　大气波导条件下的电磁波传播 ┄┄┄┄┄┄┄┄┄┄┄（38）

　3.1　抛物方程模型及其算法 ┄┄┄┄┄┄┄┄┄┄┄┄┄┄（39）

　　3.1.1　抛物方程模型 ┄┄┄┄┄┄┄┄┄┄┄┄┄┄┄┄（39）

　　3.1.2　分步傅里叶变换算法 ┄┄┄┄┄┄┄┄┄┄┄┄┄（41）

　3.2　大气湍流对传播特性的影响 ┄┄┄┄┄┄┄┄┄┄┄（42）

　3.3　波导的非均匀性及其影响 ┄┄┄┄┄┄┄┄┄┄┄┄（46）

　　3.3.1　非均匀波导条件 ┄┄┄┄┄┄┄┄┄┄┄┄┄┄┄（46）

　　3.3.2　非均匀波导条件对电磁波的影响 ┄┄┄┄┄┄┄（50）

第4章　粗糙海面条件下的电磁波传播模型研究 ┄┄┄┄┄┄（55）

　4.1　阻抗边界条件与DMFT算法 ┄┄┄┄┄┄┄┄┄┄┄（56）

　4.2　粗糙海面的近似处理 ┄┄┄┄┄┄┄┄┄┄┄┄┄┄（58）

　　4.2.1　粗糙海面的有效反射系数 ┄┄┄┄┄┄┄┄┄┄（58）

　　4.2.2　海浪遮蔽效应模型 ┄┄┄┄┄┄┄┄┄┄┄┄┄（60）

　　4.2.3　遮蔽模型计算方法 ┄┄┄┄┄┄┄┄┄┄┄┄┄（65）

　　4.2.4　仿真与试验验证 ┄┄┄┄┄┄┄┄┄┄┄┄┄┄（69）

　4.3　粗糙海面条件下电磁波的计算 ┄┄┄┄┄┄┄┄┄（76）

　　4.3.1　粗糙海面的生成 ┄┄┄┄┄┄┄┄┄┄┄┄┄┄（76）

　　4.3.2　分段线性地形变换 ┄┄┄┄┄┄┄┄┄┄┄┄┄（78）

　　4.3.3　试验验证 ┄┄┄┄┄┄┄┄┄┄┄┄┄┄┄┄┄（80）

　4.4　基于双层网格的传播模型 ┄┄┄┄┄┄┄┄┄┄┄（81）

　　4.4.1　双层网格的实现 ┄┄┄┄┄┄┄┄┄┄┄┄┄┄（82）

　　4.4.2　仿真与验证 ┄┄┄┄┄┄┄┄┄┄┄┄┄┄┄┄（85）

第5章　基于几何光学的电波传播模型研究 ┄┄┄┄┄┄┄┄（90）

　5.1　波动方程的高频近似 ┄┄┄┄┄┄┄┄┄┄┄┄┄┄（91）

　5.2　射线追踪模型 ┄┄┄┄┄┄┄┄┄┄┄┄┄┄┄┄┄（93）

　　5.2.1　泰勒近似的射线追踪模型 ┄┄┄┄┄┄┄┄┄┄（93）

　　5.2.2　射线轨迹误差分析 ┄┄┄┄┄┄┄┄┄┄┄┄┄（94）

　5.3　基于几何光学的射线模型 ┄┄┄┄┄┄┄┄┄┄┄（96）

　　5.3.1　射线的轨迹 ┄┄┄┄┄┄┄┄┄┄┄┄┄┄┄┄（96）

    5.3.2　射线的相位和振幅 ·················· （100）

    5.3.3　焦散区振幅的求解 ·················· （103）

    5.3.4　仿真与验证 ······················· （106）

  5.4　基于几何光学的电磁场传播模型 ············· （112）

    5.4.1　电磁波传播模型 ···················· （113）

    5.4.2　仿真与验证 ······················· （115）

第6章　海上大气波导条件下舰载雷达探测威力 ········· （120）

  6.1　海上大气波导条件下雷达威力预测模型 ········· （121）

    6.1.1　电磁波初始场与传播衰减 ·············· （121）

    6.1.2　海杂波模型 ······················· （123）

    6.1.3　雷达探测威力模型 ·················· （125）

  6.2　蒸发波导条件下对海雷达探测威力 ··········· （126）

    6.2.1　舰船目标 RCS 模型 ·················· （126）

    6.2.2　对海雷达探测威力研究 ··············· （127）

  6.3　大气波导条件对对空雷达探测威力的影响 ······· （134）

    6.3.1　大气条件的影响 ···················· （135）

    6.3.2　海杂波的影响 ····················· （138）

参考文献 ····································· （141）

第1章 绪　　论

1.1　研究背景和意义

随着信息化装备的发展,海战场环境中存在大量的无线电系统,复杂多变的大气环境直接影响空间中电磁波路径损耗的变化,改变电子系统的可靠性及使用效能,制约武器装备的作战性能。对复杂大气环境下电磁波传播特性的研究,一直以来是国内外研究的热点,大气参数的复杂多变会造成空间中折射率的不均匀,从而使电磁波发生折射,造成其传播轨迹和作用范围的变化,同时复杂的地形条件会对电磁波形成吸收、散射、反射和绕射等影响,改变电磁波在空间中的传播损耗。

大气环境中反常的电磁波传播条件包括次折射传播、超折射传播以及大气波导等。次折射传播条件下电磁波的传播方向会远离地球表面并向上弯曲,此时雷达在海面上的探测距离将降低,同时造成目标高度的测量误差。与次折射相反,超折射传播条件下射线向下折射,使电磁波的传播范围超出视距,增大雷达的探测距离。而大气波导是一种更强的超折射传播条件,与一般大气条件相比,大气波导条件下折射率的垂直分布较为特殊,会随高度增大而逐渐降低,而在水平方向上同一高度的折射率较为均匀。在大气波导环境中传播的电磁波若满足陷获条件,其向下弯曲的程度将大于地球表面的曲率,此时受地表反射和大气折射的影响,电磁波将被限制在一定高度范围内不断向前传播,形成超视距传播现象。蒸发波导是出现概率最高的大气波导形式,在中低纬度海域的出现概率接近100%,而在海上部分区域,表面波导和悬空波导同样也有较高的发生概率,因而海上大气波导条件下电磁波传播特性的评估,对舰载无线电设备具有重要意义。

大气波导条件下,电磁波的超视距传播使海面上电波的路径损耗大大降低,对满足陷获条件的雷达、通信等无线电系统而言,超视距探测和通信的实现变为可能。多个国家利用电磁波的异常传播现象,研制了主动微波超视距雷达,以实现对海目标的警戒搜索及超视距目标打击的引导任务。然而,电磁波传播方向的变化同样会改变雷达等设备在空间中的作用范围和雷达的探测盲区,同时,超视距传播条件的出现还会增大雷达回波中的海杂波功率,进而降低设备的作用距离。

在高科技信息战场中,电磁环境对作战指挥和武器效能的作用越来越重要,雷达的超视距探测是舰艇实施远程隐蔽打击的重要保障,雷达探测盲区是舰艇防御的薄弱环节,易被敌方利用进行干扰和突防,危及舰艇的安全,因而应及时对盲区进行补盲。鉴于海上电磁波传播特性的变化对无线电设备的重要影响,海上大气波导环境下电磁波传播特性的建模和分析具有重大的军事应用价值。掌握海上大气波导条件下特殊的电波超视距传播方式,是海上作战保障的有效技术支撑,可发挥较好的战术作用,实现作战舰艇的"主动防御"。准确评估海战场信息装备的作战使用效能,可以为海上雷达、电子战、微波通信设备的作战使用提供辅助决策建议,为海战场联合一体作战提供技术支撑,因此这是一项迫切需要满足的军事需求。

为此,美军在作战舰艇上建立了大气波导辅助决策与支持系统,实现大气波导环境对电磁波传播影响的评估,提供各类信息装备和信息化武器作战运用的辅助决策,包括电子攻防、雷达预警、电子监视等,还可实现电子设备作用盲区估计、雷达探测概率评估等功能。国内大气波导领域科研单位也建立了多款大气波导评估及预报系统,然而在实际应用中发现,海面上大气波导环境中电磁波传播特性的计算仍存在较大误差,从而造成评估结果不准确。同时国内还缺少对空,尤其是高空电波传播损耗的计算模型,缺乏对空雷达性能评估的必要手段。

为此,本书针对海上大气波导条件下电磁波传播特性展开研究,在前人工作的基础上,重点解决粗糙海面对电磁波传播特性的影响,以及高空、大传播角条件下电磁波传播模型的研究,在提高计算精度的同时保证预报结果的快速性和实时性。同时将模型应用于舰载对海、对空雷达探测威力和范围的预测评估中,以提高海战场上信息攻防能力,对舰艇整体作战效能及战术安排具有重要的理论和实践意义。

1.2 国内外研究历史与现状

1.2.1 大气波导环境特性的研究历史与现状

电磁波超视距传播现象的发现,源于超短波及微波无线设备的应用。1933 年,在地中海的一次试验中,500MHz 的通信设备实现了 150km 的超视距通信,而视距范围仅为 30km,超视距通信的实现引起了人们的关注[1]。1943 年,在爱尔兰海域的气象测量试验中,英国人首次在海面上发

现异常大气折射率的存在[2]。1944 年,美国电波与声学试验室利用超高频
(ultra high frequency,UHF)和甚高频(very high frequency,VHF)频段的
无线设备,对大气的参数进行测量,进一步证明了大气波导这种大气结构
的存在[3]。

出于军事方面的需求,国外学者开展了对大气波导环境特性及其造成
的电磁波异常传播方面的试验和研究。早期主要针对大气波导的形成机
理问题展开研究,为研究大气边界层理论,研制出一种可靠的基于海上气
象参数的蒸发波导预报模型,从第二次世界大战(简称二战)期间开始,世
界多国开展了无线电气象试验,对大气波导的理论进行了探索。从 1945—
1948 年,美国海军在圣地亚哥、新西兰南岛等地,利用多个频段的无线电设
备,对空间中大气波导的分布情况进行了测量,并研究了海上风、湿、压以
及温度等气象条件下大气波导分布情况的变化。20 世纪 60 年代,以航海
电子研究中心为首的多个研究机构,通过大量的试验对全球不同海域的蒸
发波导情况展开研究。在试验数据的基础上[4-5],各国学者对大气波导理
论有了广泛而深入的研究,利用莫宁-奥布霍夫(Monin-Obukhov)近似理
论,提出 PJ 模型、LKB 模型、MGB 模型等蒸发波导预报模型[6-8],其中 PJ
模型目前应用最广。PJ 模型首先由 Jeske 于 1971 年提出[9],利用海上某
一高度上风速、湿度、气温、气压及海表面温度,通过近海相似理论实现大
气折射率廓线的估计,1976 年 Paulus 对这一模型进行了完善[10],提高了模
型的精度及稳定性并将其用于美海军折射效应预测系统中[11],且一直沿用
至今。另一个常用的蒸发波导模型是 NPS 模型[12],NPS 模型于 2000 年由
美国海军研究生学院提出,模型采用了新的计算方法,通过计算温度、湿
度、气压等气象参数的剖面,实现大气折射率廓线的求解,NPS 模型被认为
具有更高的计算精度,并被集成于美军高级折射效应预测系统[13-14](ad-
vanced refractive effects prediction system,AREPS)中。

在大气波导理论研究成果的基础上,从 20 世纪 70 年代末开始,大气

波导领域的研究重点和热点,逐渐转向电磁波异常传播的建模和分析等问题,抛物方程[15](parabolic equation,PE)模型及其分步傅里叶变换(split step Fourier transforms,SSFT)算法和有限差分(finite difference,FD)算法的建立,为实现大气波导环境中电磁波路径的损耗的计算奠定了理论基础。80年代后,美国做了大量的海上试验,用于研究大气波导条件对远距离电磁波传播特性的影响。1981—1982年,美国空间与海军电子战系统中心(space and naval warfare systems center,SPAWAR)在加利福尼亚,针对3GHz和18GHz的电磁波在远距离的传播特性问题进行了试验,研究了蒸发波导条件对电磁波传播衰减特性的影响,试验验证了电磁波超视距传播效应,并对大气波导传播模型进行了分析和验证[16]。其后,SPAWAR的Anderson和Hitney等又陆续在圣地亚哥、华盛顿海岸附近,对3~94GHz等多个频段下电磁波远距离的传播特性展开试验和研究,积累了大量的试验数据,并改善了大气波导传播模型的计算精度[5,7,17-18],这对大气波导环境中电磁波传播特性的研究具有重要意义。

随着研究的不断深入,研究人员逐渐发现粗糙边界条件(包括地形条件及粗糙海面)对电磁波传播特性的重要影响[19],海面反射条件的变化,尤其在海上风浪较大时,会显著改变大气波导层内电磁波的路径损耗[20]。为此,2001年8—9月,以SPAWAR为主,包括美国海军研究生学院、美国海军试验室、美国海洋和大气管理署等14家机构,在夏威夷欧胡岛海域开展了RED(rough evaporation duct)试验,研究粗糙海面对传播特性的影响以及雷达对低空目标探测性能的变化[21-22](图1.1)。试验中,在欧胡岛东北方向10km附近,建立了海上浮动试验平台(R/P FLIP),并在其上安装测量水文气象参数的传感器,及不同频段的微波天线和红外发射设备,微波接收天线架设于距离试验平台27.7km处,试验海域上布放了多个浮标,同时还利用搭载了水文气象传感器的船只,测量链路上的大气参数,使用了直升机测量大气折射率剖面数据。试验分析了海面粗糙度对大气折射率分布条件的影响,评估和验证了大气参数模型,分析了粗糙海面条件对电磁波传播特性的影响。

美国海军在对大气波导变化规律、电磁波传播特性变化规律以及武器装备效能研究[23-25]的基础上,以折射率计算模型和电磁波传播模型为核心算法,先后开发研制了 IREPS、EREPS 以及 AREPS 等折射率效应预测系统,并装备于舰艇和飞机平台上。其中,AREPS 可用于分析海上大气波导条件对 0.1～57GHz 任意频段的电磁波传播特性的影响,评估各型号通信、雷达、电子对抗设备在不同条件下的使用效能。

国内对大气波导的相关研究起步较晚,研究工作还处于成果吸收、试验验证与应用分析等状态。国内的大量研究和试验工作主要开始于 20 世纪 90 年代,首先是针对海上大气波导条件展开研究,中国电波传播研究所的刘成国通过试验测量了大量的探空数据,分析了海上波导条件的时空分布规律及出现概率[26],并于 2001 年提出了适用于我国海区的伪折射率蒸发波导模型,模型同样基于 Monin-Obukhov 相似理论,并利用实测数据验证了模型的准确性[27]。1998 年,北京应用气象研究所的戴福山研究了海上气象参数的变化对折射率条件的影响及其对电磁波的影响[28],2013 年分析了大气湍流对电磁波传播特性的影响[29]。中国人民解放军海军工程大学[30-34]、国家海洋环境预报中心[35]、中国电波传播研究所[36]等通过试验和分析,对蒸发波导模型在我国海区适用性和精度问题展开研究。西北工业大学的杨坤德[37-38]等利用美国环境预测中心(NCEP)提供的再分析数据,研究了蒸发波导在不同海域的时空统计规律。大气波导环境下雷达的探测效能同样是国内学者的研究热点。大连舰艇学院的焦林等[39-40]研究了不同波导条件对海雷达探测产生的盲区及补盲措施。赵小龙[41]、黄小毛[42]、王桂军等[43]研究了海上大气波导及不同气象条件对雷达探测性能的影响。为验证蒸发波导模型在中国海区的适用性,并研究蒸发波导条件下电磁波路径损耗和雷达探测效能的变化,2006—2007 年,海军工程大学

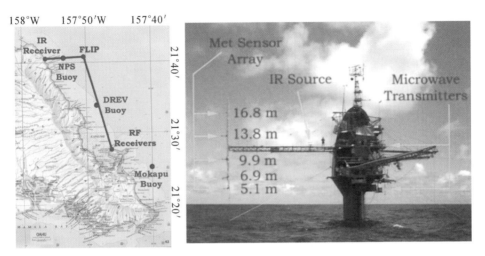

(a) 试验海区   (b) 海上浮动平台

(c) 接收天线

图 1.1 美国 RED 试验

在国内典型海域开展了综合试验[44],其后田树森等[45]利用 PJ 模型和 PE
模型研究了不同海域中雷达的探测威力,建立了相关查询数据库,研制了相关分析系统[46]，为雷达使用人员提供辅助决策支持。国内对大气波导环境特性的研究已有丰硕的成果，并在工程实践中发现，粗糙海面条件下电波传播损耗的预测精度仍较差，当风速大于 10m/s 时，传播衰减预报误差超过 10dB，因此粗糙海面条件下传播模型的研究仍是重点和难点问题。

1.2.2 电波传播模型的研究历史与现状

大气波导条件下电磁波在空间中传播特性的计算是评估武器设备性能的关键。研究大尺度区域范围内电磁波传播特性，通常借助抛物方程[15]模型和几何光学模型实现[47]，而在复杂大气环境中，几何光学模型逐渐发展为射线追踪[48]（ray tracing，RT）模型。PE 模型是一种基于波动方程的电磁场数值计算模型，可用于精确求解复杂大气环境中电波的路径损耗，还可处理光滑海面、粗糙海面、不规则地形等各种边界条件下的传播问题，是目前应用最广泛的传播模型。但 PE 模型也存在一些不足：一是当电磁波在水平方向上传播角度较大时，模型易产生较大误差；二是模型的计算量与波长大小有关，在电磁波波长较小时，求解传播角度较大、传播高度较高的电磁波损耗，会显著增大模型运算量。RT 模型不能直接求解电磁波的路径损耗，但可以给出大气波导条件下射线的传播轨迹和射线角度，常被用于估计信号时延、海面掠射角以及目标的高度误差。RT 模型的计算速度快，但模型的计算精度同样与电磁波传播角度的大小有关，传播角度越大，产生的误差就越大。混合模型[14,49]（hybird method）主要是利用了这两个模型实现混合编程，如美军 AREPS 系统中的 APM（advanced propagation model）模型，在模型中，RT 模型演变为射线光学（ray optics，RO）模型，用以求解部分区域内的电磁场，RO 模型通过计算直射射线和反射射线交点位置处的电磁场，可快速实现 5°传播角范围内不同高度上电磁场的计算。但 RO 模型存在两个局限性：一是模型的精度会随传播角度的增大而降低;二是 RO 模型无法实现波导层内传播损耗的计算。因而在 APM 模型中,通过划分不同模型的计算区域,实现模型的优势互补,从而精确、快速地计算不同条件下的电磁波。

PE 模型最早由 Lenontovich 和 Fock[50]于 1946 年提出,随着计算机技术的发展和 PE 模型数值解法——分步傅里叶算法[51](SSFT)的出现(1973 年),PE 模型才引起学者们的关注和研究,从 20 世纪 80 年代起,PE 模型的理论有了长足的发展。PE 模型是由二维 Helmholtz 波动方程推导,并通过对微积分算子近似处理而得到的一阶偏微分方程,微积分算子近似的方法不同,则模型适用的传播角度范围不同。1973 年 Tappert[51]给出了标准 PE 模型,模型中对微积分算子进行了 Taylor 近似处理且仅保留其中前两项,因而模型适用的传播角度较小,通常不大于 $10°$,较大的传播角度会增大计算结果中的误差[52],这一类模型通常被称为窄角型 PE 模型。为减小微积分算子近似过程中造成的误差,许多学者提出了宽角型 PE 模型,其中包括 Claerbout PE[53-54]、Feit-Fleck PE[55-56]以及 Padé PE[57]等。Feit-Fleck PE 模型由 Feit 于 1978 年提出,并在 1983 年被 Chapman 改进,Feit-Fleck PE 可通过 SSFT 实现数值求解,因而目前被广泛应用。Kuttler[52]对宽角 PE 和窄角 PE 的计算精度进行了比较,结果表明当电磁波传播角度较大时,宽角 PE 的计算精度明显高于窄角 PE 模型。

PE 模型的数值解法包括 SSFT[55]算法和 FD[58]算法等。FD 算法是通过对 PE 模型进行离散差分,实现网格上电磁场场强的计算。FD 算法可精确求解复杂地形条件及多种边界条件下的传播问题[59],同时还可较精确地求解传播角度较大的传播问题,但 FD 算法中的网格比较细小[60],求解过程中需要大量的矩阵运算,运算时间较长。FD 算法常被用于研究目标雷达散射截面(RCS)[61]和小区环境电波路径衰减[62]等计算距离短、边界条件复杂且实时性要求较低的问题。SSFT 算法是一种步进迭代算法,在距离方向上的网格间隔可取值较大,因而网格数量少且计算速度较快。1987 年,

Dockery[63-64]首先利用 SSFT 算法实现了大气波导环境中电磁波的数值求解,获得了精确的计算结果,然后针对阻抗边界条件的传播问题,先后提出了混合傅里叶变换和离散混合傅里叶变换[65](discrete mixed Fourier transform,DMFT)。

为解决不规则地形条件对电磁波传播特性的影响,1986 年,Ayasli[66]提出地形屏蔽法,将步进过程中地形位置以下部分的场强置零,此方法可用于研究任意数字地形下的电波传播问题。地形屏蔽法较为简单,但当地形斜率较小时,模型的计算结果并不符合实际条件,同时强制改变场强大小对计算精度会产生较大影响。另一类处理不规则地形条件的模型为地形变换模型,1979 年,Beilis 和 Tappert[67]提出连续移位变换模型,模型利用空间坐标变换的方法将不规则地形条件变为平坦地形条件,实现了不规则地形条件下的电磁波求解。1994 年,Barrios[68]利用这一模型建立了 TPEM 模型,求解了安哥拉东部地形条件下的电磁波衰减,并利用实测数据验证了模型精度。连续移位变换模型的求解需要代入地形曲线的二阶导数,因而在实际求解过程中仍存在一定困难。2000 年,Donohue[69]在此基础上提出了分段线性地形变换(piecewise linear shift map,LSM)模型,模型中的不规则地形条件用线性线段表示,求解条件大大简化,因而具有较广的应用范围[70-71]。

电磁波在海上发生超视距传播时会多次在海面发生反射,因而海面边界条件的建模对传播模型计算结果具有很大影响。在 PE 模型中对粗糙海面的处理通常借助粗糙度衰减因子,将粗糙海面条件近似为平静海面条件,并利用粗糙度衰减因子修正海面的反射系数,这一方法最先由 Dockery[70]提出并沿用至今。常用的粗糙度衰减因子计算模型为 Ament 模型以及 Miller-Brown(MB)模型。Freund[72]利用矩量法和实测数据对两个模型的精度进行了验证,在风速为5m/s条件时,两个模型均具有较高的精度,同时 MB 模型的精度略高于 Ament 模型,而当风速增大时,两个模型的误差将增大。进一步研究发现,两个模型中均忽略了电磁波传播过程中海浪的遮蔽效果,因超视距传播的电磁波掠射角一般较小,因而起伏的海浪将对电波形成遮挡,为此 Guillet 等[73]和 Pinel 等[74]先后对海浪遮蔽条件进行了建模和验证,推导了遮蔽条件下粗糙度衰减因子的计算模型,Ma[75]利用雷达海杂波对这一模型进行了验证。Freund[76]同样在 Ament 模型的基础上提出了一种海浪遮蔽条件的模型,并通过矩量法及实测数据对模型进行了验证,从结果来看,Freund 的模型精度高于 Ament 模型和 MB 模型。然而,在实际应用中,遮蔽模型的求解过程复杂,因而模型的运算时间远大于 Ament 模型和 MB 模型,并不适合用于 PE 方程中粗糙海面条件下电波传播特性的求解。

RT 模型主要源于几何光学的基本原理,利用多条光学射线来描述电磁波的传播过程,而 RT 模型即是实现对这些射线的追踪和求解,从而直观地表示出雷达等无线电设备的波束在空间中的传播轨迹。RT 模型还可用于求解复杂大气条件下无线电波的延时、距离折射误差以及传播角度等参数。发生折射时,射线的传播轨迹遵循 Snell 定律和程函方程,因而通过对路径上折射条件的积分可实现射线轨迹的求解,这一方法被称为连续积分型 RT 方程[77]。连续积分方程求解得到的射线参数满足 Snell 定律,因此具有较高的精度,然而积分过程的实现需要较大的运算量,导致模型运算时间较长。另一种求解方法为泰勒近似型 RT 模型[48],模型中将 Snell 定律中的三角函数利用泰勒近似展开,并得到射线轨迹的计算公式。泰勒近似型 RT 模型的运算速度快、计算精度较高,所以具有广泛的应用。但是当电磁波传播角度较大时,泰勒近似 RT 模型通常存在较大的误差,因而模型计算的传播角度范围通常小于 5°[14,78]。

雷达对空探测性能是评估雷达效能的重要指标,若忽略大气和地形条件的影响,雷达电磁波可利用直线传播的射线表示,因而电磁波在空间中任意一点的传播因子,可利用几何光学中双射线干涉的方法计算得到,即为直射电磁波和反射电磁波相干叠加。而在复杂大气条件下,射线传播轨迹发生偏折,利用双射线干涉的原理,此时电磁波的传播因子可利用 RO 模型进行求解[14,53]。RO 模型在 RT 模型的基础上,实现了射线场强和相位的计算,并利用直射电磁场和海面反射电磁场的相干叠加计算空间中电磁场场强。然而,RO 模型中的诸多近似条件使模型存在一些局限性:首先,RO 模型沿用了 RT 模型的近似条件,同样存在传播角度增大而误差增大的问题,因而 RO 模型计算的射线角度范围通常小于 5°;其次,RO 模型是一种高频近似方法,在射线发生全反射时 RO 模型的计算结果存在焦散的问题,而在焦散区得到的射线场强是失效的;最后,大气波导层内传播的电磁波具有多径特性,接收点可能存在多条入射射线,而 RO 模型简单的建模条件并不能有效解决这一问题。因此,美国 SPAWAR 采用 APM 模型实现空域中电磁场的计算。

PE 模型计算精度高且在计算高度较低时运算速度较快,但在传播角度较大时模型误差明显增大,且当信号频率较高、计算高度较高时,PE 模型的运算量会显著增大;射线模型的计算速度快,但在部分条件下并不适用。APM 模型利用上述两类模型的优点,将计算空间分为四个区域,分别利用平地球(flat earth,FE)模型、RO 模型、PE 模型以及扩展光学(extended optics,XO)模型求解空间中电磁场,并将不同模型的结果组合到一起。FE 模型忽略了大气条件和地形条件对电磁波的影响,利用几何光学双射线干涉的方法实现电磁波的计算,模型计算的最大距离为 2.5km,传播角度绝对值的范围大于 5°。RO 模型计算的传播角度绝对值小于 5°,但大于 PE 模型的最大传播角。PE 模型用于计算大气波导和粗糙海面条件下的电磁波,其计算角度和高度通常较小,以减小模型运算量。XO 模型利用射线法计算 PE 模型上层空间的电磁波,射线的初始场强为 PE 模型在边界位置的场强,而传播角度则利用谱估计的方法计算得到。APM 模型将几个模型计算的结果重新进行组合,从而得到整个区域的电磁场。然而,

APM 模型(图 1.2)中仍存在一些缺陷,首先是模型的衔接处易出现误差;其次是当天线高度或波导高度较高时,PE 或 XO 模型将失效;同时,FE 算法在大气折射率梯度较大时易出现较大误差。

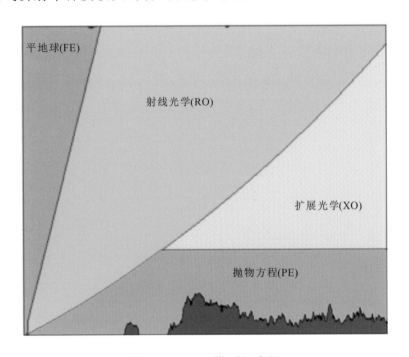

图 1.2 APM 模型示意图

国内同样对电磁波传播模型展开了大量的研究,国防科技大学的胡绘斌[79]等研究了不同传播角度下 PE 模型计算精度,中国电波传播研究所的康士峰[80]、王红光等研究了大气波导环境中电波的传播问题。郭立新等[81]利用后向差分离 DMFT 算法,研究了粗糙海面条件下海上风速及发射频率对电磁波传播特性的影响。郭建炎[82]、刘勇[83,84]、黄麟舒[85,86]等利用 PE 模型对粗糙海面上电磁波的传播问题进行了研究和分析,并通过试验对模型的精度进行了验证。刘成国[87]建立了泰勒近似 RT 模型,并用于分析蒸发波导环境特性及传播特性,孙方等[88]研究了几何光学在大气波导传播模式中的应用,黄小毛等[89]利用 RT 模型分析了电波折射造成的误差。

综上所述,复杂大气条件下的传播模型仍存在两点不足:一是对粗糙海面条件下电磁波传播特性的计算精度还不够高,尤其是大风浪条件下模型计算的路径衰减结果偏低;二是空域电磁波传播特性的计算缺乏可靠的计算模型,只能利用混合模型实现,因而在复杂大气条件下,对空域范围内雷达性能的评估仍需深入研究。

第 2 章　海上蒸发波导条件的预测

　　海上对流层大气环境中,大气的折射率通常不为常数,而是会随时间和空间的不同逐渐发生变化,会使无线电波发生折射,并改变电波传播方向,从而使电磁场能量在空间中发生变化,影响舰艇无线电设备的使用效能。对流层大气波导是一种特殊的大气折射现象,满足一定条件的电磁波会陷获于波导层内并贴近地球表面向前传播。蒸发波导是海上最常见的一种大气波导现象,其发生概率几乎高达 100%。同时,对海上舰船而言,蒸发波导条件的预测也是最快速和便捷的一种波导条件,利用测量得到的海上气象参数,通过蒸发波导模型可直接计算出大气的折射率廓线[90-91]。

　　本章主要对海上蒸发波导条件的预测方法进行研究,首先介绍海上大气的折射条件及大气波导的基本概念,给出利用 NPS 模型实现海上蒸发波导预测的方法,并分析了海上气象参数的变化对预报结果的影响,最后为实现气象参数的精确测量,针对舰艇平台上风速、海温的测量误差修正方法展开研究。

2.1　海上大气折射

大气折射用于表示大气介质中电磁场传播的弯曲特性,并用大气折射指数 n 来表示,其定义为光速与电磁波在介质中的传播速度之比:

$$n = \frac{c}{v} \tag{2.1.1}$$

大气折射指数 n 通常较小,地球表面的大气折射指数通常为 $1.00025\sim$ 1.0004,因此通常利用大气折射率 N 来研究大气的介电特性,大气折射率 N 与大气折射指数 n 之间的关系为

$$N = (n-1) \times 10^6 \tag{2.1.2}$$

大气折射率 N 的大小由空间中气象条件决定,可表示为

$$N = \frac{77.6}{T} \times \left(p + \frac{4810e}{T}\right) \tag{2.1.3}$$

式中,T 表示大气热力学温度,单位为 K;p 表示大气压力,单位为 hPa;e 表示水汽压,单位为 hPa。水汽压 e 与大气相对湿度 R_H 有关,可表示为

$$e = \frac{6.105 R_H e^x}{100} \tag{2.1.4}$$

$$x = 25.22 \times \frac{T-273.2}{T} - 5.31 \times \ln\left(\frac{T}{273.2}\right) \tag{2.1.5}$$

当传播距离较近时,可认为电磁波在平面上传播,然而电磁波传播距离较远时,需要考虑地球曲率的影响。为便于对大气介质中电磁波传播特性的研究,通常使用修正的大气折射率 M,以便将地球曲面简化为平面。修正的大气折射率 M 与大气折射率 N、海拔高度 h 以及地球平均半径 r_e 之间的关系为

$$M = N + \frac{h}{r_e} \times 10^6 = N + 0.157h \qquad (2.1.6)$$

电磁波在大气环境中的折射类型主要有4种,分别为次折射、标准折射(正常折射)、超折射以及陷获折射。折射的发生主要与大气折射率梯度 dN/dz 有关,发生条件如表2.1所示。

表2.1　大气折射类型与条件

折射条件	$dN/dz(N/m)$	$dM/dz(m/s)$
次折射	>0	>0.157
零折射(无折射)	0	0.157
标准折射(正常折射)	$-0.077 \sim 0$	$0.080 \sim 0.157$
超折射	$-0.157 \sim -0.077$	$0 \sim 0.080$
陷获折射	< -0.157	<0

在标准大气环境中,大气折射率梯度 dN/dz 可近似为 $-0.039N/m$,用修正大气折射率梯度 dM/dz 表示即为 $0.118m/s$。发生标准折射和超折射时,电磁波传播轨迹将向地面弯曲,并且随着折射率梯度的减小,电波传播轨迹的曲率将接近地球曲率。当大气折射率梯度 dN/dz 等于 $-0.157N/m$ 或修正大气折射率梯度 dM/dz 等于0时,电磁波传播轨迹的曲率将等于地球曲率,因此电波将在某个固定高度上传播,此时的折射条件为临近折射。当大气折射率梯度 dN/dz 小于 $-0.157N/m$ 或修正大气折射率梯度 dM/dz 小于0时,电磁波轨迹的曲率半径小于地球曲率,被海面反射和大气折射的电磁波,将陷获于波导层内并贴近地球表面向前传播,这种大气层结为大气波导。

2.2　蒸发波导 NPS 模型

海上大气波导条件主要包括3种类型,分别为蒸发波导、表面波导和悬空波导。其中,对舰艇上电子设备影响较大的波导条件为蒸发波导和表面波导。表面波导多由气团对流和海上水蒸气较强的蒸发条件造成,在部分区域发生概率较高,而在其他海域发生概率相对较低。而蒸发波导发生概率最高,在海上蒸发波导条件几乎一直存在,其形成条件主要是在气海边界层不均衡热力结构下,海水蒸发使大量水蒸气聚集在海水表面,并通过风的作用使水蒸气扩散到一定高度,造成大气湿度随高度锐减,从而使得大气折射率随高度升高而降低。对作战舰艇而言,通过蒸发波导模型预测海上波导条件是最便捷和易于实现的方法。通过测量海表面的温度及海上风速、湿度、气温、气压等大气条件,利用大气的基本理论以及蒸发波导模型,可实现海上大气的折射率廓线的计算[92]。

2.2.1 NPS 模型

由于蒸发波导出现在海洋大气近地层内,受海气交界处微气象条件的影响与制约,直接测量海洋大气近地层内大气折射指数廓线非常困难,目前,一般利用海面气象水文要素的宏观观测资料,根据 Monin-Obukhov 相似理论确定蒸发波导高度和海洋大气近地层大气折射指数廓线。

NPS 模型是对海上蒸发波导折射率剖面的建模,由美国海军研究生院于 2000 年发布,它主要基于 Monin-Obukhov 相似理论和 Liu-Katsaros-Businger 理论[93],通过计算气温、湿度、气压的剖面,利用式(2.1.3)实现蒸发波导折射率剖面的计算,并最终确定波导高度[94]。温度和比湿随高度 z 变化的剖面 $T(z)$ 和 $q(z)$ 可表示为

$$T(z) = T_0 + \frac{\theta_*}{\kappa}\left[\ln\left(\frac{z}{z_{0t}}\right) - \Psi_h\left(\frac{z}{L}\right)\right] - \Gamma_d z \qquad (2.2.1)$$

$$q(z) = q_0 + \frac{q_*}{\kappa}\left[\ln\left(\frac{z}{z_{0t}}\right) - \Psi_h\left(\frac{z}{L}\right)\right] \qquad (2.2.2)$$

式中,T_0 与 q_0 分别为海表面的温度与比湿,q_* 与 θ_* 为比湿与位温的特征

尺度，κ 为卡尔曼常数，z_{0t} 为温度粗糙度高度，Ψ_h 为温度普适函数，L 表示 Obukhov 长度，Γ_d 为干绝温度递减率，其大小为 0.00976K/m。普适函数 Ψ_h 在稳定条件下可表示为

$$\Psi_h(x) = -\frac{5\sqrt{5}}{4}\ln(1+3x+x^2) \times \left[\ln\left(\frac{2x+3\sqrt{5}}{2x+5.24}\right) + 1.93\right]$$

(2.2.3)

水汽压剖面可通过理想气体方程计算：

$$p(z) = p(z_0)\exp\left(\frac{g(z_0-z)}{R\,\overline{T}_v}\right)$$

(2.2.4)

式中，$p(z_0)$ 表示海表的气压，R 为干空气气体常数，$\overline{T}_v$ 为 z 和 z_0 的虚温平均值，g 为重力加速度。水汽压的剖面 $e(z)$ 可表示为

$$e(z) = \frac{q(z)p(z)}{\varepsilon + (1-\varepsilon)q(z)}$$

(2.2.5)

式中，ε 为常数 0.622。

2.2.2 NPS 模型验证

本节利用获取的试验数据对 NPS 模型的准确性进行验证。试验中利用探空气球测量海上不同高度的气温、气压、风速及相对湿度，利用自动气象站测量距离海面 6m 高度处的气温、气压、风速及相对湿度，同时利用传感器测量同一位置处的海表温度。试验结果和 NPS 模型计算结果如图 2.1 所示。从图中可以看出，NPS 模型的预测结果基本准确，其蒸发波导高度略低于实测结果，蒸发波导高度的相对误差的均值为 1.39m。

2.2.3 气象参数对蒸发波导高度的影响

在 NPS 模型中，折射率廓线的计算主要受大气温度 T_a、海表温度 T_s、

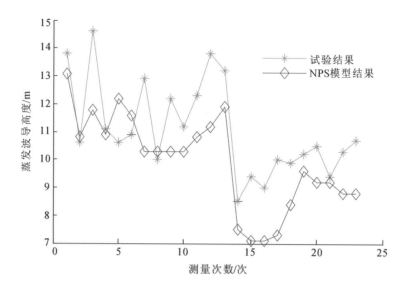

图 2.1　蒸发波导高度实测结果与 NPS 模型结果的比较

相对湿度 R_H、风速 V_w、气压 P 等因素的影响。其中,风速大小决定了气海参数的交换速率,间接影响了模型的计算结果,而气压的变化相对较小,对大气折射率的影响较小[95]。图 2.2 给出了 10m 高度处的大气温度 T_a、相对湿度 R_H、风速 V_w 以及海表温度 T_s 对蒸发波导高度 H_d 的影响。

在气海温差 ΔT 小于、等于或大于 0 时,蒸发波导通常处于不稳定、中性或稳定层结。图 2.2(a)～(c)分别表示气温 T_a 为 20℃,大气相对湿度 R_H 为 75％、85％和 95％时,不同风速条件下蒸发波导高度 H_d 随气海温差 ΔT 的变化。从图中可以看出,在稳定层结条件或中性层结条件下,蒸发波导高度 H_d 随风速 V_w 逐渐增大,而气海温差 ΔT 对波导高度 H_d 的影响较小。其主要原因是,风速的增大可促进气海边界层中大气参数的交换,从而增强海面的蒸发作用,使得波导条件增强。在不稳定层结条件下,波导高度 H_d 随气海温差 ΔT 的变化较大,尤其是在风速 V_w 条件较大时,波导高度 H_d 随气海温差 ΔT 的变化较为剧烈。

图 2.2(d)～(f)分别表示大气相对湿度 R_H 为 85％,风速 V_w 为 3m/s、6m/s 和 9m/s 时,不同气温条件下蒸发波导高度 H_d 随气海温差 ΔT 的变

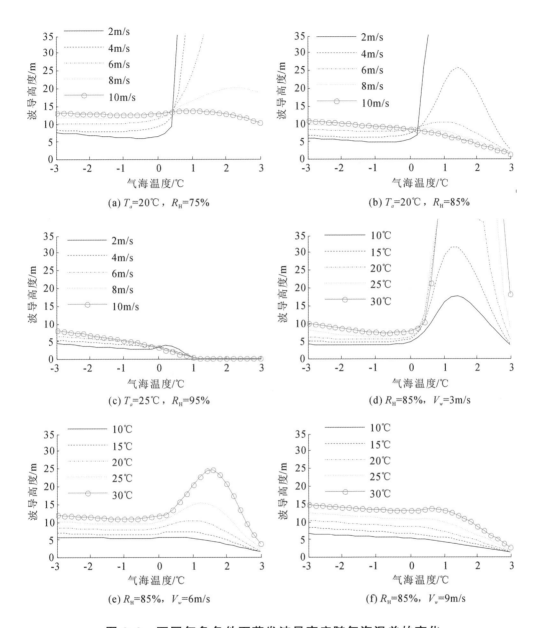

图 2.2 不同气象条件下蒸发波导高度随气海温差的变化

化。从图中可以看出,在稳定层结条件或中性层结条件下,气温 T_a 的增大将使得蒸发波导高 H_d 度逐渐增大。而波导在不稳定层结条件下,波导高度 H_d 随气海温差 ΔT 的变化较大,同时,气温 T_a 越大,波导高度 H_d 随气

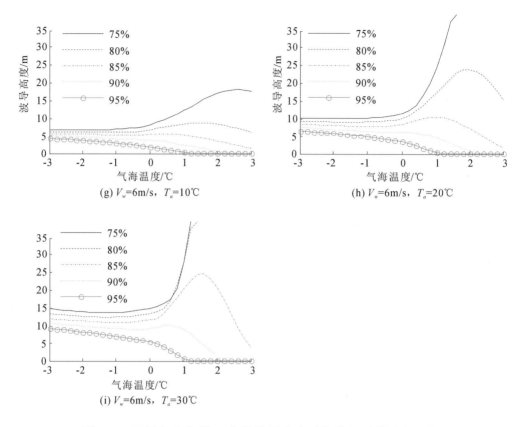

图 2.2　不同气象条件下蒸发波导高度随气海温差的变化(续)

海温差 ΔT 越剧烈。

图 2.2(g)~(i)给出了风速 V_w 为 6m/s,大气温度 T_a 为 10℃、20℃ 和 30℃时,不同相对湿度 R_H 条件下蒸发波导高度 H_d 随气海温差 ΔT 的变化。从图中可以看出,在稳定层结条件或中性层结条件下,相对湿度 R_H 的增大将使蒸发波导高 H_d 度逐渐减小;而在不稳定层结条件下,相对湿度 R_H 越小,波导高度 H_d 随气海温差 ΔT 越剧烈。

总体而言,在稳定层结条件或中性层结条件下,波导高度 H_d 随气象条件的变化较为缓慢,风速 V_w 和气温 T_a 的增大将使波导高度 H_d 逐渐增大,而相对湿度 R_H 和气海温差 ΔT 的增大将使得波导高度 H_d 逐渐减小。在不稳定层结条件下,波导高度 H_d 随气象条件的变化较为明显,且风速

V_w 越大、气温 T_a 越大或相对湿度 R_H 越小,波导高度 H_d 变化越剧烈。

2.3 舰载平台风速测量与修正方法

舰载平台上对蒸发波导条件的预测,需要对海上风速、气温、湿度、气压及海表面温度等气象参数进行测量[96]。其中,气温、湿度及气压等参数的获取受测量平台的影响较小,可直接利用传感器测量实现;而海上风速的测量容易受到测量平台的影响,利用超声波风速测量仪测量海上风场条件,需要保证测量平面保持水平[97]。而在舰载平台上,船体倾斜时将使得测量平面发生倾斜,产生测量误差,同时船体的晃动和运动将产生相对风速。王国峰等[98]通过四阶曲线对倾斜条件下真实风速风向和测量结果之间的关系进行拟合,并通过测量结果和拟合函数计算真实的风向风速,但本节中的风源为风扇,风速大小并不稳定,拟合结果的准确性仍存在一定问题,同时书中的研究只针对特定风向和倾斜角度,不具有普遍性,因此该方法的准确性和适用性仍存在一定问题。王金良、宋金宝[99]建立了海上风速测量模型,并给出了误差修正的公式,但此方法没有考虑到测风设备的实际情况,忽略了 z 轴方向风速的大小无法测量的条件。在此,将依据船体运动机理建立舰载平台风速测量模型,从而修正风速测量误差。

2.3.1 超声波测风原理

超声波测风仪利用了风场对超声波传播速度的调制作用。若空间直角坐标系中风矢量为 (v_x, v_y, v_z),静止空气中超声波的传播速度为 v_c,那么超声波从坐标原点到达等位面 (x, y, z) 的时间 t 满足

$$(x - v_x t)^2 + (y - v_y t)^2 + (z - v_z t)^2 = v_c^2 t^2 \qquad (2.3.1)$$

若 A 点和 B 点存在两个收发一体的超声波传感器,两点间距离为 d,外界风速为 v_w,那么风速 v_w 沿 AB 方向可分解为切向风速 v_t 和垂直风速 v_v。$v_t^2 + v_v^2 = v_w^2$。将其代入式(2.3.1)可得出超声波从 A 点到 B 点的时间 t_1 为

$$t_1 = \frac{d[(v_c^2 - v_v^2)^{\frac{1}{2}} - v_t]}{v_c^2 - v_w^2} \qquad (2.3.2)$$

同理,可得从 B 点到达 A 点的时间为

$$t_2 = \frac{d[(v_c^2 - v_v^2)^{\frac{1}{2}} + v_t]}{v_c^2 - v_w^2} \qquad (2.3.3)$$

简化式(2.3.1)至式(2.3.3)可得

$$v_w \cdot \frac{\overrightarrow{AB}}{d} = v_t = \frac{d}{2}\left(\frac{1}{t_1} - \frac{1}{t_2}\right) = \frac{d(t_2 - t_1)}{2 t_1 t_2} \qquad (2.3.4)$$

从式(2.3.4)可以看出,AB 两点可测得风速 v_w 的切向风速 v_t,即真风速在 A、B 两点间的投影。因此在实际测量外界风速时,可使用平面上呈一定角度放置的两套传感器,测量结果即为风速在平面上的投影。

舰载平台造成测风仪测量误差的原因包括以下方面:

(1)倾斜条件下测量平面无法保证水平。

(2)测风仪因晃动产生的角速度,使测风仪产生相对运动。

(3)舰船的相对运动造成测风仪相对大地的运动。

(4)测风仪自身结构造成风矢量的变化。如在倾斜条件下,测风仪上的顶盖将影响风矢量的方向。

2.3.2　倾斜条件下的测量误差

舰船的晃动包括横摇和纵摇,为分析晃动所造成的误差,建立 3 个坐标系。以正北方向为 u 轴,正东方向为 v 轴,建立大地坐标系 uvw。当舰

船水平静止时,以船艏向为 y 轴,重心为原点建立舰船坐标系 xyz。当舰船倾斜时,以舰艏向为 y' 轴,重心为原点,建立相对坐标系 $x'y'z'$。3 个坐标系之间的关系为,大地坐标系以 w 轴为中心旋转,当 u 轴转向船艏向时即为舰船坐标系,后经横摇和纵摇变化后得到相对坐标系(图 2.3)。舰船横摇为以 y' 轴为中心旋转的角度,纵摇为以 x 轴为中心旋转的角度。

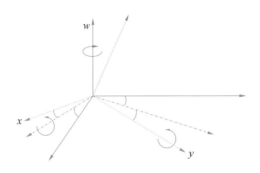

图 2.3 3 个坐标系及其关系

若舰船横摇角为 α,纵摇角为 β(右手坐标系),舰艏向在大地坐标系中的方向为 θ(左手坐标系),那么从大地坐标系到相对坐标系的坐标变换矩阵为

$$\boldsymbol{T} = \boldsymbol{T}(\alpha)\boldsymbol{T}(\beta)\boldsymbol{T}(\theta)$$

$$= \begin{bmatrix} \cos\alpha & 0 & -\sin\alpha \\ 0 & 1 & 0 \\ \sin\alpha & 0 & \cos\alpha \end{bmatrix} \begin{bmatrix} 1 & 0 & 0 \\ 0 & \cos\beta & \sin\beta \\ 0 & -\sin\beta & \cos\beta \end{bmatrix} \begin{bmatrix} \cos\theta & -\sin\theta & 0 \\ \sin\theta & \cos\theta & 0 \\ 0 & 0 & 1 \end{bmatrix}$$

$$(2.3.5)$$

倾斜条件下,若大地坐标系中风矢量为 $\boldsymbol{v}_w = (u, v, 0)$,在相对坐标系应表示为

$$\boldsymbol{v}_w' = \boldsymbol{T}\boldsymbol{v}_w = (x'y'z')^{\mathrm{T}} \tag{2.3.6}$$

测风仪的测量结果 $\boldsymbol{v}_m'$ 是 $\boldsymbol{v}_w'$ 在测量平面上的投影,即

$$\boldsymbol{v}_m' = (x'y'0)^{\mathrm{T}} = \boldsymbol{A}\boldsymbol{v}_w' \tag{2.3.7}$$

$$A = \begin{bmatrix} 1 & 0 & 0 \\ 0 & 1 & 0 \\ 0 & 0 & 0 \end{bmatrix} \qquad (2.3.8)$$

从式中可以看出,由于矩阵 A 不可逆,无法通过矩阵运算求解真实风速。本书采用如下方法求解。

舰船坐标系中风矢量 $v_s = (x,y,0)^T$ 的测量结果为

$$v_m' = \begin{pmatrix} x' \\ y' \\ 0 \end{pmatrix} = \begin{bmatrix} 1 & 0 & 0 \\ 0 & 1 & 0 \\ 0 & 0 & 0 \end{bmatrix} T^{-1}(\alpha) T^{-1}(-\beta) \begin{pmatrix} x \\ y \\ 0 \end{pmatrix} = \begin{pmatrix} x\cos\alpha + y\sin\beta\sin\alpha \\ y\cos\beta \\ 0 \end{pmatrix}$$

$$(2.3.9)$$

所以,风矢量 $v_s = (x,y,0)^T$ 中

$$x = (x' - y'\sin\alpha\sin\beta/\cos\beta)/\cos\alpha \qquad (2.3.10)$$

$$y = y'/\cos\beta \qquad (2.3.11)$$

大地坐标系中风矢量 v_w 即为

$$v_w = T^{-1}(\theta) v_s \qquad (2.3.12)$$

可将上述倾斜条件下的误差修正过程,即利用 v_m' 求解 v_w 的过程可记为

$$v_w = f(v_m') \qquad (2.3.13)$$

2.3.3 相对运动产生的误差

除测量平台倾斜的测量误差外,由舰船航行和晃动造成的运动误差同样需要修正。前者可利用舰船速度进行补偿,后者需要计算传感器晃动的线速度实现补偿。

若横摇角速度为 ω_a,纵摇角速度为 ω_β,转向时角速度为 ω_θ,相对坐标系中,测风仪的坐标为 (d_x', d_y', d_z'),坐标系原点为舰船的重心。所以舰船横摇产生的风矢量为

$$v_\alpha = \left(\omega_\alpha \sqrt{d_x'^2 + d_z'^2}\cos\varphi_\alpha \quad 0 \quad -\omega_\alpha \sqrt{d_x'^2 + d_z'^2}\sin\varphi_\alpha \right)^{\mathrm{T}} \quad (2.3.14)$$

$$\varphi_\alpha = \arctan(d_z/d_x) \quad (2.3.15)$$

在舰船坐标系中舰船纵摇产生的风矢量为

$$v_\beta = \boldsymbol{T}^{-1}(\beta)\left(0 \quad -\omega_\beta \sqrt{d_y^2 + d_z^2}\cos\varphi_\beta \quad \omega_\beta \sqrt{d_y^2 + d_z^2}\sin\varphi_\beta \right)^T \quad (2.3.16)$$

$$(d_x d_y d_z)^T = \boldsymbol{T}^{-1}(\alpha)(d_x' d_y' d_z')^T \quad (2.3.17)$$

$$\varphi_\beta = \arctan(d_z/d_y) \quad (2.3.18)$$

在大地坐标系中舰船转向产生的风矢量为

$$v_\theta = \boldsymbol{T}^{-1}(\theta)\left(\omega_\theta \sqrt{d_u^2 + d_v^2}\cos\varphi_\theta \quad -\omega_\theta \sqrt{d_u^2 + d_v^2}\sin\varphi_\theta \quad 0 \right)^T \quad (2.3.19)$$

$$(d_u d_v d_w) = \boldsymbol{T}^{-1}(\beta)\boldsymbol{T}^{-1}(\alpha)(d_x d_y d_z) \quad (2.3.20)$$

$$\varphi_\theta = \arctan(d_v/d_u) \quad (2.3.21)$$

因此，在大地坐标系中舰船晃动产生的相对风速为

$$v_r = \boldsymbol{T}^{-1}(\theta)\boldsymbol{T}^{-1}(\beta)\boldsymbol{T}^{-1}(\alpha)v_\alpha + \boldsymbol{T}^{-1}(\theta)v_\beta + v_\theta \quad (2.3.22)$$

舰船晃动产生的测量误差为

$$v_r' = \boldsymbol{A} \times \boldsymbol{T}(\alpha)\boldsymbol{T}(\beta)\boldsymbol{T}(\theta)v_r \quad (2.3.23)$$

若舰船的航行速度为 v_h，测风仪的测量结果为 v_m'，可求得海上的真实风矢量，表示为

$$v = f(v_m' - v_r') + v_h \quad (2.3.24)$$

2.3.4　仿真与试验验证

为研究测风仪结构对风向的影响，使用 ANSYS 软件进行仿真。测风仪以 Vaisala 公司的 WXT520 为模型，倾斜条件为 $15°$。图 2.4 为风场的仿真结果。从图中可以看出，倾斜条件下测风仪外形对传感器位置处的风场基本没有影响。因此，此类型测风仪的测量误差可用本节中所介绍方法实现修正。

为进一步验证修正方法的正确性，通过风洞试验对本节中提出的风速修正方法进行验证。试验中，通过 Vaisala 公司的 WXT520 实现风速的测量，

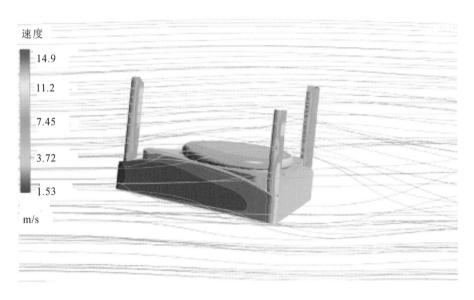

图 2.4　风场的仿真结果

其参数如表 2.2 所示,传感器固定在倾角可变的支架上,传感器的倾斜角度可在支架的刻度上读取。支架放置在风中可旋转的平台上,可通过平台的旋转,实现风向的变化。设置风洞中风速为 10m/s,不同条件下的测量结果为 100 组,试验中平均测量误差和修正后的结果如表 2.3 所示。可以看出,在倾角较小时,传感器的测量误差相对较小,而随着倾角的增大,测量误差将逐渐增大,最大可为0.703m/s。而修正后的风速测量精度明显改善,当倾角较小时,修正后的误差没有明显变化,而当倾角较大时,误差则明显减小,修正后的最大误差为0.248m/s,小于传感器的测量精度 0.3m/s,这说明当测量平台发生倾斜时,风速修正模型可实现风速误差的修正。

表 2.2　WXT520 基本参数

属性	说明值(风速)	说明值(风向)
范围	$0\sim60$m/s	$0°\sim360°$
精度	±0.3m/s	$\pm3°$
输出分辨率	0.1m/s	$1°$

表 2.3 风速测量误差及修正结果

风向(°)		试验中的误差				修正后的误差			
		0	30	60	90	0	30	60	90
倾角(°)	−20	0.050	−0.167	−0.703	−0.590	0.050	−0.038	−0.248	0.018
	−15	0.037	−0.123	−0.510	−0.387	0.037	−0.047	−0.248	−0.045
	−10	0.030	−0.090	−0.187	−0.233	0.030	−0.055	−0.069	−0.082
	−5	0.010	0.010	0.010	−0.037	0.010	0.019	0.040	0.002
	5	0.010	0.027	−0.077	0.053	0.010	0.037	−0.046	0.092
	10	0.030	−0.010	−0.363	−0.100	0.030	0.030	−0.243	0.054
	15	0.040	−0.073	−0.390	−0.223	0.040	0.013	−0.121	0.124
	20	0.060	−0.127	−0.417	−0.470	0.060	0.030	0.070	0.146

2.4 海表面温度的测量及修正

海表温度的测量与海水温度测量不同,是测量海水与空气接触部分的水温。因蒸发作用和热交换作用的存在,海表温度与海水温度存在一定区别[21]。与其他接触式温度传感器相比,利用红外传感器测量海水温度具有独特的优势[100-101]:一是在红外波段,海水的透射率很低,红外传感器测量的温度为海表面以下几毫米的海水温度,与理论上的海表温度十分接近[102];二是红外传感器与海面不发生接触,不会因热传导而改变被测海水的温度。但因海表面的红外辐射率小于1,加上天空背景的干扰,红外传感器的测量温度与真实的海水温度之间存在偏差,会使测量温度低于真实温度。为此,本节针对红外传感器温度测量的偏差展开研究。

2.4.1 红外温度测量及影响因素

红外传感器通过测量被测物体的红外辐射，能在不接触物体的条件下，实现温度的测量。以热释电型红外温度传感器为例，传感器利用温差电效应，通过测量因温差引起的电压值 U_0，得到被测物的辐射温度 T_m。U_0 和 T_m 的关系可表示为[103]

$$U_0 = C(T_m^4 - T_a^4) \tag{2.4.1}$$

式中，T_a 表示传感器自身的温度，单位为 ℉，C 为与传感器自身结构相关的参数。

测量结果 T_m^4 与传感器探头受到的红外辐射照度 E_m 为线性关系。若测量范围内只存在被测物而不包含其他干扰物，T_m 和 E_m 之间的关系可表示为

$$
\begin{aligned}
E_m &= \int_{\lambda_1}^{\lambda_2}\int_{\Omega} L_b(T_m,\lambda)\cos\beta \mathrm{d}\Omega\mathrm{d}\lambda \\
&= \pi\sin^2\alpha \int_{\lambda_1}^{\lambda_2} L_b(\lambda,T_m)\mathrm{d}\lambda
\end{aligned} \tag{2.4.2}
$$

式中，$L_b(T_m,\lambda)$ 表示辐射温度为 T_m 在波长为 λ 时黑体的辐射亮度；α 表示传感器的测量半角；Ω 表示传感器测量半角范围内的空间角，测量过程中需保证在 Ω 角度范围内仅包含被测物体；$\mathrm{d}\Omega = \sin\beta\mathrm{d}\beta\mathrm{d}\gamma$；$\beta$ 表示在空间角为 $\mathrm{d}\Omega$ 时，红外辐射方向 $\vec{e}$ 与传感器轴线 $\vec{e}_0$ 间的夹角，积分范围为 $0\sim\alpha$；γ 表示 $\vec{e}$ 所对应的方位角，积分范围为 $0°\sim360°$。

为研究红外传感器在舰船条件下海表温度的测量精度，通过试验研究了高度和倾角对测量结果的影响。试验中发现高度的变化对测量结果基本没有影响，但倾角的增大会导致测量误差的增大。这一测量误差实际为海表面红外辐射的物理过程造成的测量温度和真实温度之间的偏差。

红外传感器的测量结果实际为等效黑体的温度,但海面的辐射率小于黑体的辐射率,即小于 1,并且辐射率会随辐射角度的增大而降低,因此测量的海表温度将小于实际海表温度。同时,辐射角度增大时海面的反射率会增大,天空背景的干扰也将增大。

因此,红外传感器测量温度,并非真实海表温度。通过测量的温度获取真实的海表温度,需要对海面的辐射率和反射率进行建模,测量并补偿天空温度。

2.4.2 海表面温度测量模型

海面辐射率的变化以及反射的天空温度会使海表面的测量温度存在偏差。首先需要针对海表面的红外辐射进行建模,常用的模型是平静海面模型,该模型考虑了辐射方向变化对海面红外辐射率的影响,可表示为[95,104]

$$\varepsilon(\theta) = 0.98[1 - (1 - \cos\theta)^5] \qquad (2.4.3)$$

式中,θ 表示海面的辐射方向与 z 轴的夹角。

该模型忽略了海面波浪的起伏对测量结果的影响。为获得更准确的海面辐射模型,需要考虑海浪影响。Charles Cox 及 Walter Munk 给出了海浪坡度的分布概率,其概率密度函数为[107,108]

$$\begin{cases} f(s_x, s_y) = \dfrac{1}{2\pi\sigma^2}\exp\left(-\dfrac{s_x^2 + s_y^2}{2\sigma^2}\right) \\ 2\sigma^2 = 0.003 + 0.00512 \times v \end{cases} \qquad (2.4.4)$$

式中,s_x 和 s_y 分别表示 x 轴方向和 y 轴方向海浪的坡度分量,v 表示 12.5m 高度处的风速。若 $\vec{n}$ 表示小面元法线方向,$\vec{e}$ 表示红外辐射方向,θ_e、θ_n 分别表示 $\vec{e}$、$\vec{n}$ 与 z 轴正方向的夹角,φ_e、φ_n 分别表示 $\vec{e}$、$\vec{n}$ 在 xoy 平面上的投影与 x 轴正方向的夹角(右手坐标系),χ 表示 $\vec{e}$ 和 $\vec{n}$ 方向间的夹角,那

么可以得到：

$$s_x = -\tan\theta_n \cos\varphi_n \qquad (2.4.5)$$

$$s_y = -\tan\theta_n \cos\varphi_n \qquad (2.4.6)$$

$$\cos\chi = \cos\theta_n \cos\theta_e + \cos(\varphi_e - \varphi_n)\sin\theta_n \sin\theta_e \qquad (2.4.7)$$

通过变量代换，式（2.4.4）可写为

$$f(u_n, \varphi_n) = \frac{u_n^{-3}}{2\pi\sigma^2}\exp\left(\frac{1 - u_n^{-2}}{2\sigma^2}\right) \qquad (2.4.8)$$

式中，u_n 等于 $\cos\theta_n$。在 $\vec{e}$ 方向上，海面的平均辐射率可以表示为

$$\bar{\varepsilon}_\lambda(\theta_e, \varphi_e) = \frac{1}{\cos\theta_e}\int_{-\infty}^{+\infty}\int_{-\infty}^{+\infty}\varepsilon_\lambda(\chi)\cos\chi\sec\theta_n P(s_x, s_y)\,\mathrm{d}s_x\,\mathrm{d}s_y$$

$$= \frac{1}{\cos\theta_e}\int_0^1\int_0^{2\pi}\varepsilon_\lambda(\chi)\cos\chi\, u_n^{-1} f(u_n, \varphi_n)\,\mathrm{d}u_n\,\mathrm{d}\varphi_n \qquad (2.4.9)$$

因此，对于辐射波长为 λ，在 $\vec{e}$ 方向上，真实海表面温度为 T_{sea} 的红外辐射亮度可表示为

$$L_{\text{sea}}(T_{\text{sea}}, \lambda, \theta_e, \varphi_e) = \bar{\varepsilon}_\lambda(\theta_e, \varphi_e)\frac{M_b(T_{\text{sea}}, \lambda)}{\pi} \qquad (2.4.10)$$

式中，$M_b(T_{\text{sea}}, \lambda)$ 表示海表温度为 T_{sea} 时海面的辐射出射度，海温取华氏温度。

天空的红外辐射分为晴天无云、有云和下雨三种情况，无云时红外辐射多由太阳光的散射和大气热辐射组成；有云或下雨时多为云团的水汽或雨水造成的红外热辐射。天空的红外辐射可视为黑体的红外辐射，并可采用 45°天顶角的辐射代替。太阳的红外辐射也会对传感器的测量结果造成影响，其辐射方向可通过时间和传感器的经纬度计算得到，因此入射方向为 $\vec{e}_i$ 时，天空辐射亮度 $L_{\text{sky}}(\theta_i, \varphi_i)$ 可表示为

$$L_{\text{sky}}(\theta_i, \varphi_i) = \frac{\sigma T_{\text{sky}}^4}{\pi} + L_{\text{sun}}(\theta_i, \varphi_i) \qquad (2.4.11)$$

式中，σ 表示史蒂芬-玻尔兹曼常数，T_{sky} 表示天空温度，单位为 ℉，$L_{\text{sun}}(\theta_i, \varphi_i)$ 为入射方向为 $\vec{e}_i$ 太阳的辐射亮度，θ_i 表示 $\vec{e}_i$ 与 z 轴正方向的夹角，φ_i 表示 $\vec{e}_i$

在 xoy 平面上的投影与 χ 轴正方向的夹角,同 $\theta_e\varphi_e$ 类似。

由基尔霍夫定律可知,海水的辐射率 ε_λ 和反射率 ρ_λ 相加为 1,存在

$$\varepsilon_\lambda(\chi)=1-\rho_\lambda(\chi) \qquad (2.4.12)$$

式中,χ 意义与式(2.4.7)相同。因此海水反射的辐射亮度为

$$L_f(\lambda,\theta_e,\varphi_e)=\frac{1}{\cos\theta_e}\int_0^1\int_0^{2\pi}L_{\text{sky}}(\theta_i,\varphi_i)\rho_\lambda(\chi)\cos\chi u_n^{-1}f(u_n,\varphi_n)\mathrm{d}u_n\mathrm{d}\varphi_n$$

$$(2.4.13)$$

式中,u_n 与 φ_n 意义与式(2.4.8)中相同。

天空辐射入射方向 $\vec{e}_i$ 可通过水面辐射方向 $\vec{e}$ 和小面元法线方向 $\vec{n}$ 求解,其关系可表示为

$$u_n=\frac{\sqrt{2+2\sin\theta_i\sin\theta_e\cos(\varphi_i-\varphi_e)+2\cos\theta_i\cos\theta_e}}{\cos\theta_i+\cos\theta_e} \qquad (2.4.14)$$

$$\cos\chi=\frac{\sqrt{1+\sin\theta_i\sin\theta_e\cos(\varphi_i-\varphi_e)+\cos\theta_i\cos\theta_e}}{2} \qquad (2.4.15)$$

根据海表面的红外辐射模型和天空反射模型,可以得到红外传感器的温度测量模型,传感器受到的辐射照度可表示为

$$E_m=\int_{\lambda_1}^{\lambda_2}\iint_\Omega(L_{\text{sea}}(T_{\text{sea}},\lambda,\theta_e,\varphi_e)+L_f(\lambda,\theta_e,\varphi_e))\cos\beta\mathrm{d}\Omega\mathrm{d}\lambda \qquad (2.4.16)$$

将式(2.4.16)代入式(2.4.2),即可得到传感器测量温度。式(2.4.16)对传感器的测量过程进行了建模,若已知真实海表面温度 T_{sea}、天空温度 T_{sky}、海上风速 v 及传感器安装的轴线方向 $\vec{e}_0$,即可求得传感器的测量温度。

2.4.3 海表温度的修正

依据传感器受到的辐射照度 E_m,以及在 $\vec{e}$ 方向上海面的平均辐射率 $\overline{\varepsilon}_\lambda(\theta_e,\varphi_e)$ 和海水反射的辐射亮度 $L_f(\lambda,\theta_e,\varphi_e)$,可计算得到真实的海水温

度 T_{sea}。

若忽略式(2.4.16)中的波长,依据史蒂芬-玻尔兹曼定律,可以得到传感器测量温度 T_m 和真实海温 T_{sea} 的关系为

$$T_{\text{sea}} = \left(\frac{T_m^4 - T_{\text{sky}}^{'4} \left(1 - \bar{\bar{\varepsilon}}\left(\theta_0, \varphi_0\right)\right)}{\bar{\bar{\varepsilon}}\left(\theta_0, \varphi_0\right)} \right)^{1/4} \tag{2.4.17}$$

式中,$T_{\text{sky}}^{'}\left(\theta_0, \varphi_0\right)$ 和 $\bar{\bar{\varepsilon}}\left(\theta_0, \varphi_0\right)$ 为在传感器轴线 $\vec{e}_0$ 时的等效天空温度和等效海水辐射率。

$$T_{\text{sky}}^{'}\left(\theta_0, \varphi_0\right) = \left(\frac{\iint\limits_{\Omega} L_f\left(\theta_e, \varphi_e\right) \cos\beta \, \mathrm{d}\Omega}{\sigma \sin^2\alpha \left(1 - \bar{\bar{\varepsilon}}\left(\theta_0, \varphi_0\right)\right)} \right)^{1/4} \tag{2.4.18}$$

$$\bar{\bar{\varepsilon}}\left(\theta_0, \varphi_0\right) = \frac{\iint\limits_{\Omega} \bar{\bar{\varepsilon}}\left(\theta_e, \varphi_e\right) \cos\beta \, \mathrm{d}\Omega}{\pi \sin^2\alpha} \tag{2.4.19}$$

式中,σ 表示史蒂芬-玻尔兹曼常数,α、β 及 Ω 意义与式(2.4.2)相同,$\mathrm{d}\Omega$ 积分范围为传感器测量的空间角范围,$\mathrm{d}\Omega$ 的方向即为 $\vec{e}$。

因此,海表温度修正算法可表述为以下过程:

(1)以舰艏向为 y 轴建立坐标系,获取舰船纵摇角度 α_1 及横摇角度 α_2(右手坐标系)。

(2)测量海上一定高度上的风速,并计算 12.5m 高度上的风速。

(3)获取天空温度 T_{sky} 并计算辐射亮度。获取天空温度 T_{sky} 的方法包括经验法和测量法,两种方法将通过仿真对比进行选择。

(4)计算传感器轴线方向 $\vec{e}_0$。$\vec{e}_0$ 对应的角度 θ_0、φ_0 及安装角度 θ_s、φ_s 之间的关系可表示为

$$\begin{bmatrix} \sin\theta_0 \cos\varphi_0 \\ \sin\theta_0 \sin\varphi_0 \\ -\cos\theta_0 \end{bmatrix} = \boldsymbol{A}\left(\alpha_1\right) \boldsymbol{A}\left(\alpha_2\right) \begin{bmatrix} \sin\theta_s \cos\varphi_s \\ \sin\theta_s \sin\varphi_s \\ -\cos\theta_s \end{bmatrix} \tag{2.4.20}$$

$$\boldsymbol{A}(\alpha_1) = \begin{bmatrix} 1 & 0 & 0 \\ 0 & \cos\alpha_1 & -\sin\alpha_1 \\ 0 & \sin\alpha_1 & \cos\alpha_1 \end{bmatrix} \qquad (2.4.21)$$

$$\boldsymbol{A}(\alpha_2) = \begin{bmatrix} \cos\alpha_2 & 0 & \sin\alpha_2 \\ 0 & 1 & 0 \\ -\sin\alpha_2 & 0 & \cos\alpha_2 \end{bmatrix} \qquad (2.4.22)$$

传感器测量倾角为 $45°$ 时,$\theta_s = 45°$,安装于左舷的传感器 $\varphi_s = 180°$,右舷的传感器 $\varphi_s = 0°$。

(5)空间角为 $d\Omega$、辐射方向为 $\vec{e}$ 时,通过式(2.4.9)计算海面平均辐射率 $\overline{\varepsilon}_\lambda(\theta_e, \varphi_e)$,通过式(2.4.13)计算海水反射的辐射亮度 $L_f(\lambda, \theta_e, \varphi_e)$;

(6)对空间角 $d\Omega$ 进行积分,通过式(2.4.18)和式(2.4.19),计算传感器轴线方向 $\vec{e}_0$ 时的等效天空温度和等效海水辐射率,积分范围为传感器测量半角内对应的空间角度。

(7)通过式(2.4.17)计算海表面的温度。

2.4.4 温度测量模型的验证

2.4.4.1 海表面温度测量模型的验证

为验证模型的准确性,通过试验,比较倾斜条件下传感器的测量结果和温度测量模型的计算结果。试验中使用 SI-431 红外传感器实现温度的测量,传感器测量精度为 $0.2℃$,测量半角为 $14°$。红外传感器固定在倾角可变的支架上,且通过支架上的刻度可读取倾斜角的大小。试验时天气为多云,测量到的天空温度为 $12.2℃$,图 2.5 给出了不同倾斜条件下的海表温度的测量结果。从结果可以看出,受天空背景的影响,随着倾斜角度的增大,传感器的测量结果逐渐降低,这与模型的变化趋势相同。试验误差的主要原因包括以下几个方面:一是水表温度不均匀且存在流动,水温存在一定的变化;二是测量过程中需要人工操作,测量结果可能会受人体红外辐射的影响;三是由试验设备造成的误差。

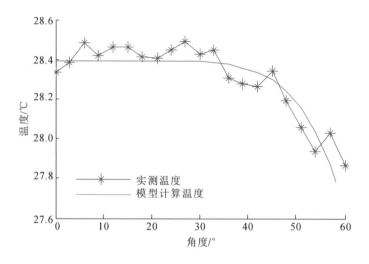

图 2.5　温度测量模型验证

2.4.4.2　海表面温度测量偏差统计

海面辐射率随辐射方向增大而降低,使传感器测量到的海面辐射亮度降低,同时反射率的增大使天空温度对测量结果的影响增大。为验证在不同风速、舰船横纵摇条件下,天空红外辐射的影响,仿真了测量偏差的概率分布函数。在一定范围内随机选取风速、纵横摇角度、天空温度及海表温度,风速选择范围为 $0 \sim 10 \mathrm{m/s}$,纵横摇角度选择范围为对应浪级下的倾角范围,天空温度选择范围为 $-40 \sim 20℃$,海表温度选择范围为 $15 \sim 30℃$。仿真结果如图 2.6 所示。

从结果看,若不对海水的辐射率和天空温度的干扰进行修正,测量温度与真实海温间,偏差小于 $1.5℃$ 的概率小于 90%,偏差小于 $1℃$ 的概率小于 60%,而偏差小于 $0.3℃$ 的概率小于 6%。

若用于补偿的天空温度分别为 $-20℃$、$-10℃$、$0℃$ 和 $10℃$,图 2.7 给出了 4 种天空温度补偿后仍存在的误差的概率分布,从图中可以看出,选

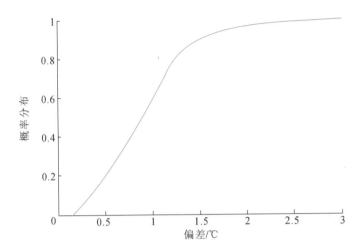

图 2.6   测量偏差概率分布

用 -10℃ 作为补偿温度误差概率相对较小,小于 0.6℃ 的概率为 90%,小于 0.3℃ 的概率为 50%。从 2.3 节的分析中可以看出,在稳定层结条件下,NPS 模型的计算结果对气海温差十分敏感,因此,为正确测量海表温度,应对天空的红外辐射温度进行测量,并代入式(2.4.17)中对海温进行修正。

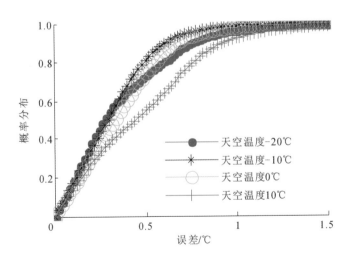

图 2.7   经验法补偿误差的概率分布图

第3章 大气波导条件下的电磁波传播

  大气对电磁波传播特性的影响,主要表现为折射率在空间上的不均匀造成电磁波折射,从而改变其在空间中的能量分布[105]。对大气环境中电磁波的求解,可利用电磁场数值计算方法实现,其中抛物方程是对Helmholtz方程的近似,可快速实现大区域空间范围内电磁场的计算[106]。相比于其他数值计算方法,抛物方程模型的分步傅里叶算法可在距离方向上设置较大的步长,从而减少了空间中网格的数量,使模型运算速度大大提升。在对流层大气条件中,折射率的不均匀性一般表现为垂直方向上的不均匀,这是由于大气的气象参数在不同高度上存在明显的差别,而在水平方向上,折射率的变化较为缓慢,因而对大气介质中电磁波的求解一般假设大气折射率在水平方向上是均匀的。但在一些狭窄海域或海岸附近,气象参数在水平方向上的变化较为明显,从而造成大气波导在水平方向上的不均匀,影响电磁波的传播特性。大气湍流会引起局部范围内大气折射率的随机起伏,并造成电磁波的散射,改变电磁波的传播特性。本章主要对大气波导条件下电磁波传播特性展开研究,借助抛物方程模型研究大气湍流条件以及水平不均匀波导条件对电磁波传播的影响。

3.1 抛物方程模型及其算法

大尺度区域电磁波传播特性的计算主要利用射线追踪模型和抛物方程模型,其中电磁波场强的计算主要利用抛物方程模型实现[107-108]。抛物方程是对 Helmholtz 波动方程的近似,能快速和精准地实现在大气折射等复杂条件下电波传播特性的计算,因而常被用于研究大尺度区域复杂电磁环境下的电磁波传播问题[109]。

3.1.1 抛物方程模型

建立与水平面垂直的正交直角坐标系 xoz,假设 x 轴表示距离方向,z 轴表示高度方向,二维标量波动方程可表示为[110-111]

$$\frac{\partial^2 \Phi}{\partial x^2} + \frac{\partial^2 \Phi}{\partial z^2} + k^2 n^2 \Phi = 0 \qquad (3.1.1)$$

式中,$\Phi(x,z)$ 表示标量场,即水平极化的电场或垂直极化的磁场;k 表示真空中的波数;n 表示大气折射指数。设波函数 $u(x,z)$ 与标量场 $\Phi(x,z)$ 之间的关系满足[112]

$$u(x,z) = \Phi(x,z)e^{-ik_0 x} \qquad (3.1.2)$$

将 $u(x,z)$ 代入波动方程中,可以知道 $u(x,z)$ 应满足

$$\frac{\partial^2 u}{\partial x^2} + 2ik \frac{\partial u}{\partial x} + \frac{\partial^2 u}{\partial z^2} + k^2(n^2 - 1)u = 0 \qquad (3.1.3)$$

对式(3.1.3)化简,可以得到

$$\left[\left(\frac{\partial}{\partial x} + ik(1-Q) \right) \left(\frac{\partial}{\partial x} + ik(1+Q) \right) \right] u = 0 \qquad (3.1.4)$$

式中，Q 为微积分算子，表示为

$$Q = \sqrt{\frac{1}{k^2}\frac{\partial^2}{\partial z^2} + n^2} \qquad (3.1.5)$$

利用式(3.1.4)，波函数 $u(x,z)$ 的向前传播方程及向后传播方程可分别表示为

$$\frac{\partial u}{\partial x} + ik(1-Q)u = 0 \qquad (3.1.6)$$

$$\frac{\partial u}{\partial x} + ik(1+Q)u = 0 \qquad (3.1.7)$$

对于海上电磁波传播特性的计算，仅需要考虑向前传播的电磁场，因而利用式(3.1.6)即可对空间中电磁场进行求解，然而微积分算子 Q 的计算复杂，需要对算子 Q 近似处理。采用不同近似方法可得到不同类型的抛物方程，若利用泰勒展开，那么算子 Q 可表示为

$$Q = \sqrt{1 + \frac{1}{k^2}\frac{\partial^2}{\partial z^2} + (n^2-1)} \approx 1 + \frac{1}{2k^2}\frac{\partial^2}{\partial z^2} + \frac{(n^2-1)}{2} \qquad (3.1.8)$$

将式(3.1.8)代入前向传播方程中，可得到窄角抛物方程：

$$\frac{\partial^2 u}{\partial z^2} + 2ik\frac{\partial u}{\partial x} + k^2(n^2-1)u = 0 \qquad (3.1.9)$$

若利用 Feit-Fleck 近似法对 Q 展开，令 $\varepsilon = \frac{1}{k^2}\frac{\partial^2}{\partial z^2}$，$\mu = (n^2-1)$，那么算子 Q 可表示为

$$Q = \sqrt{1+\varepsilon+\mu} = \sqrt{1+\varepsilon} + \sqrt{1+\mu} - 1$$
$$= \sqrt{1 + \frac{1}{k^2}\frac{\partial^2}{\partial z^2}} + n - 1 \qquad (3.1.10)$$

从而可得到宽角抛物方程(wide angle formulation of parabolic equation，WPE)：

$$\frac{\partial}{\partial x}u(x,z) = ik\left(\sqrt{1 + \frac{1}{k^2}\frac{\partial^2}{\partial z^2}} - 1\right)u(x,z) + ik(n-1)u(x,z)$$

$$(3.1.11)$$

相比于窄角抛物方程,在计算较大仰角的电磁场时,宽角抛物方程具有更高的计算精度[113-114]。窄角抛物方程计算角度通常小于 $15°$,而宽角抛物方程计算角度可达 $30°$。

此时可计算得到电磁波的传播因子 F:

$$F = \sqrt{x}\,|u(x,z)| \tag{3.1.12}$$

用以表示自由空间电磁场和接收点电磁场之比。

3.1.2　分步傅里叶变换算法

利用抛物方程模型求解空间中的电磁场可使用分布傅里叶变换算法实现[115]。在 x 和 $(x+\Delta x)$ 距离处对等式(3.1.11)两边的变量 z 进行傅里叶变换,可得到 PE 模型的分步傅里叶变化(SSFT)解:

$$u(x+\Delta x,z) = e^{ik_0\Delta x\,(n-1)}\,\Im^{-1}\left[e^{i\Delta x\left(\sqrt{k_0^2-p^2}-k_0\right)}\Im(u(x,z))\right] \tag{3.1.13}$$

式中,p 为波数谱变量,p 与传播角度 θ 的关系为 $p = k_0\sin\theta$;Δx 为计算的步长;$\Im(g)$ 和 $\Im^{-1}(g)$ 分别表示傅里叶正变换和逆变换:

$$\begin{cases} U(x,p) = \Im(u(x,z)) = \displaystyle\int_{-\infty}^{\infty} u(x,z)e^{-ipz}\,\mathrm{d}z \\[2mm] u(x,z) = \Im^{-1}(U(x,p)) = \dfrac{1}{2\pi}\displaystyle\int_{-\infty}^{\infty} U(x,p)e^{ipz}\,\mathrm{d}p \end{cases} \tag{3.1.14}$$

SSFT 算法的求解过程中需要对计算空间的网格进行划分,若用 Δx 表示距离网格的步长,Δz 表示高度网格的步长,计算的最大距离、最大高度和最大传播角度分别为 $R_{\max}$、$Z_{\max}$ 和 $\theta_{\max}$,那么距离网格和高度网格的个数分别为 $R_{\max}/\Delta x$、$Z_{\max}/\Delta z$。距离步长 Δx 不受频率的影响,通常可以取值较大,使抛物方程模型计算量较小,但高度步长 Δz 的设置与最大传播角度 $\theta_{\max}$ 和电磁波波数 k 有关,因求解过程利用傅里叶变换实现,所以 Δz 应满足:

$$\Delta z = \frac{\pi}{k \sin\theta_{\max}} \tag{3.1.15}$$

而波数谱的步长 Δp 应为 $k \sin\theta_{\max} / N_z$。

SSFT 算法是一种步进迭代算法,在已知 x 位置处电磁场波函数 $u(x, z)$ 的条件下,即可计算得到 $u(x+\Delta x, z)$。

当利用 SSFT 算法计算海面上电磁场时,若海面的反射系数为 1,那么海上电磁场可表示为直射场 $u_d(x, z)$ 和镜像场 $u_r(x, z)$ 的叠加,二者与波函数 $u(x, z)$ 之间的关系可表示为

$$\begin{cases} u_d(x, z) = u(x, z), z \geqslant 0 \\ u_r(x, z) = -u(x, -z), z < 0 \end{cases} \tag{3.1.16}$$

此时 $u(x, z)$ 的傅里叶变换 $U(p)$ 可表示为

$$\begin{aligned} U(p) &= \int_{-\infty}^{+\infty} u(x, z) e^{-jpz} \mathrm{d}z = \int_{-\infty}^{+\infty} (u_d(x, z) + u_r(x, z)) e^{-jpz} \mathrm{d}z \\ &= \int_{-\infty}^{0} -u(x, -z) e^{-jpz} \mathrm{d}z + \int_{0}^{+\infty} u(x, z) e^{-jpz} \mathrm{d}z \\ &= -2i \int_{0}^{+\infty} u(x, z) \frac{e^{jpz} - e^{-jpz}}{2i} \mathrm{d}z \\ &= -2i \int_{0}^{+\infty} u(x, z) \sin(zp) \mathrm{d}z \end{aligned} \tag{3.1.17}$$

同样,$U(p)$ 的逆变换可表示为

$$u(z) = \frac{i}{4\pi} \int_{0}^{+\infty} U(p) \sin(zp) \mathrm{d}p \tag{3.1.18}$$

因此,SSFT 算法中的傅里叶变换过程可直接利用正弦变换实现。

3.2 大气湍流对传播特性的影响

大气湍流是受环境条件影响形成的大气流动,并造成大气折射率随机

变化的混沌现象。大气湍流会造成电磁能量的泄露和电波传播损耗的随机起伏,使雷达等电子设备性能发生变化[116]。

大气湍流会造成折射率的随机变化,使大气折射率指数 n 应为平均项 $\bar{n}$ 和扰动项 n' 之和:

$$n = \bar{n} + n' \tag{3.2.1}$$

大气折射率随机扰动项 n' 满足[117-118]:

$$n' = \frac{r - 0.5}{0.408}\sqrt{S(k_z)} \tag{3.2.2}$$

式中,r 为 0~1 满足正态分布的随机数;k_z 表示垂直方向上的湍流波数,若计算的高度网格步长为 Δz,那么 $k_z = 2\pi/\Delta z$;$S(k_z)$ 为一维折射指数谱,表示为:

$$S(k_z) = \frac{\Gamma(a+1)}{2\pi}\sin\left(\frac{\pi a}{2}\right)C_n^2 k_z^{-(a+1)} \tag{3.2.3}$$

式中,$\Gamma(g)$ 表示 gamma 函数,参数 a 为常数,Barrios 认为 $a = 4/3$ 更符合实际条件,因而式(3.2.3)可表示为

$$S(k_z) = 0.1641 C_n^2 k_z^{-(7/3)} \tag{3.2.4}$$

式中,C_n^2 表示折射率结构常数,用于表示折射率的起伏特性,C_n^2 越大则湍流效应越强,C_n^2 与折射率起伏方差 σ_n 之间的关系可表示为

$$C_n^2 \approx 1.91\sigma_n^2 L_0^{-2/3} \tag{3.2.5}$$

式中,L_0 表示湍流外尺度,一般取观测高度。

折射率的起伏对电磁波传播特性的影响主要表现在折射方向发生变化,图 3.1 给出了无湍流、较弱湍流和较强湍流三种大气湍流条件对电磁波传播因子的影响。其中,波导高度为 15m,天线高度为 10m,天线波束宽度为 1°,抬升角为 0°,天线类型为高斯型,信号频率为 9GHz。从图中可以看出,无湍流条件下,雷达电磁波将陷获于波导层内,从而使电波实现超视距传播,而大气湍流条件将导致陷获于波导层内的电磁波能量向空中泄露,从而降低电波的传播因子,并增大传播损耗。同时,湍流效应的增强,

将导致电波能量泄露幅度的增大,并降低雷达对海目标的探测性能。

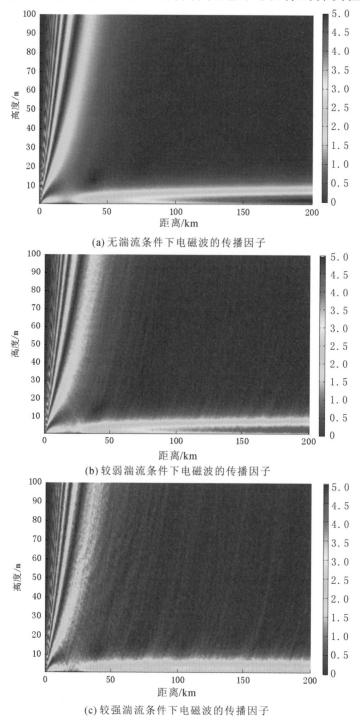

(a) 无湍流条件下电磁波的传播因子

(b) 较弱湍流条件下电磁波的传播因子

(c) 较强湍流条件下电磁波的传播因子

图 3.1　湍流条件对电磁波传播因子的影响

图 3.2(a)给出了 200km 距离处,电磁波传播因子随高度的变化。从图中可以看出,大气湍流条件的增强角导致波导层内传播因子降低,且波导层上方的能量增强,使陷获于波导层内的电磁波向空中扩散。图 3.2(b)给出了 10m 高度处,传播因子随距离的变化。可以发现,湍流条件使传播因子随距离的曲线发生波动,从而改变了电磁能量的分布,造成雷达等电子设备性能的变化。

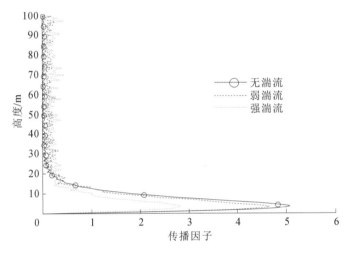

(a) 200km 距离处传播因子随高度的变化

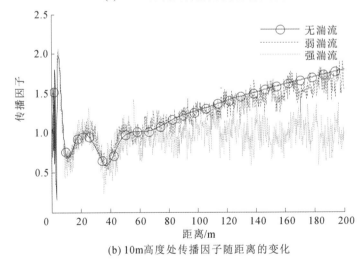

(b) 10m 高度处传播因子随距离的变化

图 3.2 湍流条件对传播因子的影响

3.3　波导的非均匀性及其影响

大气的流动除了会造成大气的湍流,还会造成水平方向上波导条件的不均匀。通常在开阔海面上,大气折射率在距离方向上的变化较为缓慢。但在某些区域受地形及气象变化的影响,大气折射率在距离方向上的变化较为明显,形成水平非均匀的波导条件,并对电磁波的传播特性造成较大影响。如在亚丁湾、渤海湾等狭窄海域或海岸交界等区域,波导条件存在明显的变化,对无线电波的传播有较大影响[38],本节利用 NCEP(national centers for environmental prediction)再分析数据对亚丁湾海域的非均匀波导展开研究,并分析非均匀波导条件对电磁波传播特性的影响。

3.3.1　非均匀波导条件

以亚丁湾海域秋季的波导条件为例,受两岸地形及季风、洋流等气象因素的影响,亚丁湾海域会出现较为明显的非均匀波导条件,如图 3.3 所示。相比于阿拉伯海和红海等海域,亚丁湾海域的波导高度明显较高,且在靠近非洲及曼德海峡附近的波导高度高于其他区域。

水平非均匀波导的形成与风、湿、气温和海温的不均匀条件有关。如图 3.4(a)所示,在秋季,红海海域主要为西北风,从曼德海峡进入亚丁湾海域。而在亚丁湾和阿拉伯海主要受西南季风影响,亚丁湾海域的风多由索马里西部进入,带来大量高温干燥的气流,并沿东北方向进入阿拉伯海,同时受到地形的影响,亚丁湾海域的风速明显小于红海和阿拉伯海域内的风速。

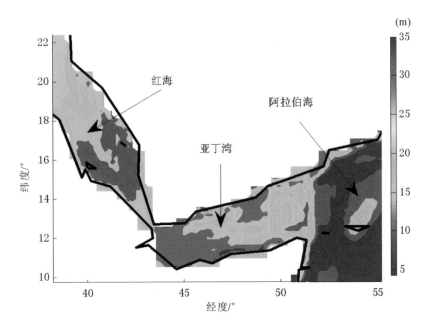

图 3.3 亚丁湾海域波导条件

同样受季风的影响,阿拉伯南部较冷的洋流经非洲沿岸进入阿拉伯海,如图 3.4(b)给出的海上平均海温,在阿拉伯南部非洲沿岸海域,海温较低,同时随着纬度的上升,海温逐渐升高。红海海域受高气温及两岸沙漠气候的影响,海温相对较高,温度接近气温,高于 30℃。受非洲沙漠高温和干热气流的影响,亚丁湾海域靠近非洲海岸附近的海温较高,并形成海温由南至北逐渐降低的现象,同时可以看到,在亚丁湾和阿拉伯海交接处,海温变化十分明显。

图 3.4(c)给出了海上的平均气温,从图中看出,平均气温的分布情况类似于平均海温,阿拉伯海域空气中的热量被海水吸收,气温较低。而红海和亚丁湾海域受两岸干热气流的影响,温度较高。

图 3.4(d)给出了海上的平均相对湿度,相对于阿拉伯海域,红海和亚丁湾海域相对湿度较低,在 70% 左右。而阿拉伯海域的相对湿度较高,一般在 80% 以上。相对湿度的差异主要与气流的运动有关,红海和亚丁湾海

域主要受干热气流影响,相对湿度较低,而阿拉伯海域主要受海风影响,湿度较高。

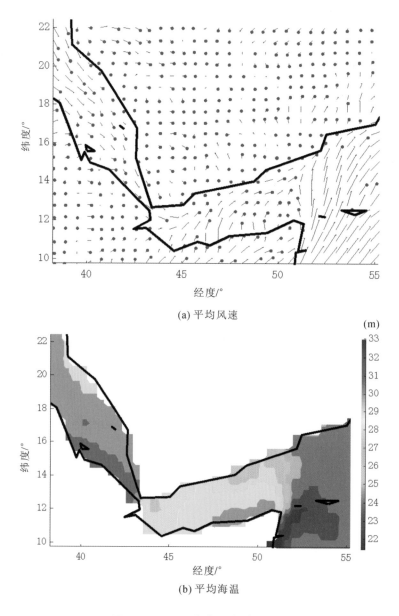

(a) 平均风速

(b) 平均海温

图 3.4   亚丁湾海域气象条件

气象参数的不同造成波导条件的不同,阿拉伯海域由于湿度较高,波

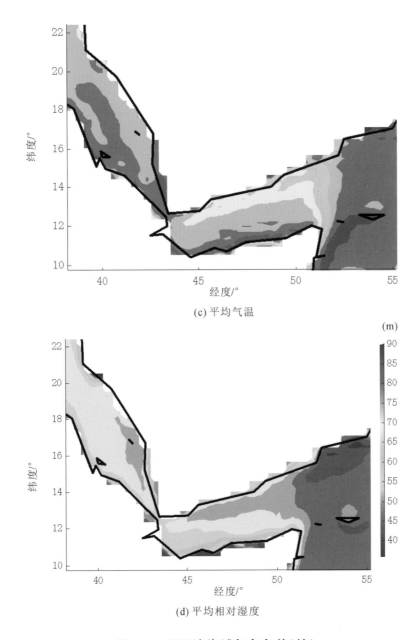

(c) 平均气温

(d) 平均相对湿度

图 3.4 亚丁湾海域气象条件(续)

导高度较低,而亚丁湾海域海温低、气温高,使得气海温差较大,导致蒸发波导高度较高。

3.3.2 非均匀波导条件对电磁波的影响

利用水平非均匀波导条件计算电磁波的传播特性,需要计算折射率剖面随距离的变化情况。假设已知在距离为 x_1 和 x_2 处存在修正折射率剖面 M_1 和 M_2,M_1 和 M_2 用 N 个点表示,且修正折射率 M_1 和 M_2 对应的高度点为 z_1 和 z_2,则 x 距离处的修正折射率剖面 M 可表示为

$$M = M_1 + fv\,(M_2 - M_1) \qquad (3.3.1)$$

而修正折射率剖面 M 对应的高度点则为

$$z = z_1 + fv\,(z_2 - z_1) \qquad (3.3.2)$$

式中,fv 为插值系数,可表示为

$$fv = \frac{x - x_1}{x_2 - x_1} \qquad (3.3.3)$$

为研究大气波导水平非均匀性对电磁波传播特性的影响,仿真计算波导高度逐渐增大或逐渐减小条件下空间中的电磁场。仿真中,忽略风速不均匀造成的海面粗糙度变化,仅考虑波导不均匀性的影响。设天线架高 10m,天线波瓣宽度为 1°,天线类型为高斯型,信号频率为 9GHz,天线位置处波导高度为 15m,部分电磁波满足陷获条件,可实现电波的超视距传播。图 3.5 给出了电磁波超视距传播条件下波导高度变化对传播特性的影响,其中图 3.5 (a)给出了水平均匀条件下电磁波的传播特性,图 3.5(b)和图 3.5(c)分别给出了波导高度降低和升高对电磁波传播特性的影响。图中不同距离处的折射率廓线通过式(3.3.3)计算得到,并且在 200km 处,波导高度分别为 5m 和 25m。从图 3.5 的对比中可以看出,对于可实现超视距传播的电波,当波导高度随传播距离的增大而降低时,波导层内的电磁波将向空中传播,使得近海高度处的传播因子减小;当波导高度随传播距离的增大升高时,波导层内电磁场能量的分布将发生变化,但波导层内的能量基本不变。

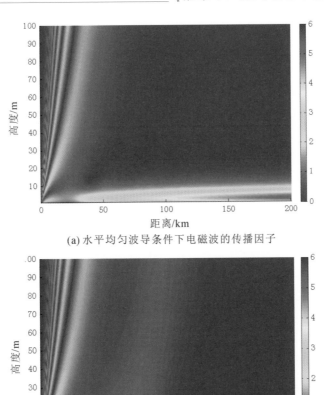

(a) 水平均匀波导条件下电磁波的传播因子

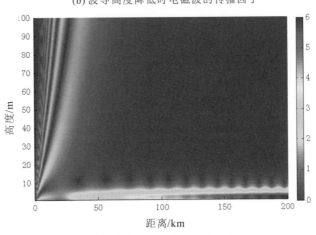

(b) 波导高度降低时电磁波的传播因子

(c) 波导高度升高时电磁波的传播因子

图3.5 超视距传播条件下水平非均匀波导对传播因子的影响

图 3.6 给出了 100km 处 3 种波导条件下电磁波传播因子随高度的变化曲线。从图中同样可以看出，在水平均匀波导条件下，电磁波将陷获于波导层内，此时 40m 高度下电场传播因子的均值为 2.296。当波导高度随着水平距离的增大而逐渐减小时，100km 距离处的电磁场传播因子将随高度增高而增大，此时 40m 高度下电磁波传播因子均值为 0.0009，这说明波导层内电磁波的能量将减小。当波导高度随距离增大而逐渐增大时，电磁波传播因子在高度上的变化与均匀条件下的变化相似，但传播因子最大值的高度发生了变化，此时 40m 高度下电磁场传播因子均值为 2.290，波导层内电磁波的能量与水平均匀条件下的能量基本相同。

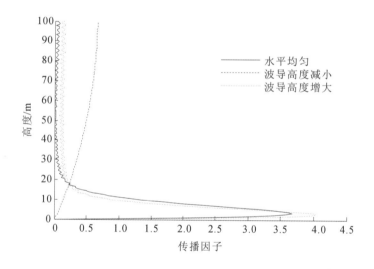

图 3.6　100km 处电磁波传播因子随高度的变化曲线

对于未发生超视距传播的电磁波，水平方向上波导条件的变化对电磁波传播特性的影响则存在一定差别。设天线的参数与前文相同，当天线高度为 25m，天线位置处波导高度为 15m 时，在水平均匀波导条件下，少部分的电波能量将陷获于波导层内，如图 3.7(a)所示。当波导高度随距离增大而降低时，设 200km 处波导高度为 5m，波导层内的电磁波能量同样将向空中扩散，如图 3.7(b)所示。但当波导高度随距离增大而升高时，设 200km 处波导高度为 25m，波导层内电磁波能量将显著增强，电磁波的超视距传播效应增强,如图 3.7(c)所示。

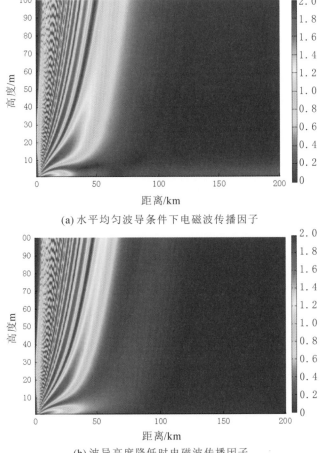

(a) 水平均匀波导条件下电磁波传播因子

(b) 波导高度降低时电磁波传播因子

(c) 波导高度升高时电磁波传播因子

图 3.7 无超视距传播条件下水平非均匀波导对传播因子的影响

图 3.8 给出了 120km 处 3 种波导条件下电磁波传播因子随高度的变化曲线,在 3 种波导条件下,海上 40m 高度范围内电磁波传播因子的均值分别为 0.0458、0.0069 和 0.3855。可以看出,当天线位置处波导高度小于天线高度时,若波导高度随传播距离增大而变高,陷获于波导层内的电磁波能量将明显增强。

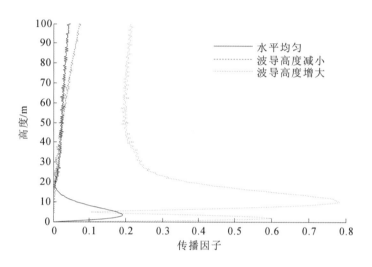

图 3.8　120km 处电磁波传播因子随高度的变化曲线

水平非均匀波导条件对电磁波传播特性具有较大影响,对于已陷获于波导层内的电磁波,水平方向上波导高度的降低会使波导层内电磁波能量空中逸散,从而减弱电波的超视距传播效应;而当电磁波超视距传播效应较弱时,水平方向上波导高度的升高会明显使陷获的电磁波能量增强,从而增大海面上电磁波的传播因子。

第4章 粗糙海面条件下的电磁波传播模型研究

　　超视距传播的电波会多次在海表面发生反射,因而海面条件对电波的衰减特性具有重要影响[119-120],从现有的研究成果来看,粗糙海面条件下电磁波的计算模型仍需改进。在利用抛物方程实现粗糙海面条件下电磁场的计算时,通常利用有效反射系数来近似处理粗糙海面[121],这一方法主要基于 Kirchhoff 近似,认为海浪的起伏将使得海面的高度不同,而粗糙海面总的反射场应为不同高度海表面反射场的相干叠加。常用的粗糙海面近似模型包括 Ament 模型以及 MB 模型[122],二者的主要区别在于海浪高度的概率密度函数不同。然而 Fabbro 和 Freud 等认为,发生超视距传播的电磁波,传播角度通常较小,因而海浪的起伏会对电波形成遮挡,电磁波将在海浪高度较高的区域反射,而在遮挡区域不存在反射的电磁波,因而提出了新的近似模型,即粗糙海面遮蔽模型[123]。遮蔽模型比 Ament 模型和 MB 模型具有更高的计算精度,但模型中大量的积分运算严重影响了 PE 模型求解速度。本章将对粗糙海面近似模型进行研究,并对遮蔽模型改进以提高运算效率。

　　粗糙海面近似模型通过修正海面的反射系数,处理粗糙海面对电磁波的衰减作用。然而,在海上风浪较大时,海面斜率的变化会使电磁波发生散射,部分电磁波将不再满足超视距传播条件;海浪的起伏还会造成波导条件的变化,影响电磁波的传播特性。因此本章将建立海浪地形条件,并研究这一条件下电磁波的传播特性,利用海浪谱建立海浪曲线,并利用分段线性地形变换(LSM)模型对电磁场进行求解。同时,针对海浪地形条件下 LSM 模型计算量较大的问题,本章提出基于双层网格的传播模型,并通过仿真对模型的运算精度和效率进行验证。

4.1　阻抗边界条件与 DMFT 算法

利用 PE 模型实现阻抗边界条件下电磁场的计算,通常借助 DMFT 算法。Kuttler 首先利用 Leontovich 阻抗边界条件,推导了混合傅里叶变换(MFT)方法,并在此基础上提出了离散的 MFT(DMFT)算法[65]。针对部分阻抗边界取值范围内,DMFT 算法易出现数据计算结果溢出的不稳定情况,为此 Kuttler 又提出后向差分的 DMFT 算法以提高算法的稳定性。在此简要介绍利用 DMFT 实现阻抗边界条件下电磁场计算的方法。

在电磁场计算中,需要考虑边界条件对电磁场的影响,Leontovich 边界条件可表示为

$$\frac{\partial u}{\partial z} + \alpha u = 0, z = 0 \tag{4.1.1}$$

式中,α 表示地表阻抗系数,若边界的反射系数表示为 $\varGamma$,电磁波掠射角为 θ,则 α 可表示为

$$\alpha = ik\sin\theta\left(\frac{1-\varGamma}{1+\varGamma}\right) \tag{4.1.2}$$

阻抗边界条件下的电磁波传播特性的计算可利用离散混合傅里叶变

换（DMFT）算法，引入辅助变量 w：

$$w(n\Delta z) = \frac{u(n\Delta z) - u[(n-1)\Delta z]}{\Delta z} + \alpha u(n\Delta z) \tag{4.1.3}$$

式中，Δz 表示网格高度。

定义 $r = (1+\alpha\Delta z)^{-1}$，那么可令 $w(n\Delta z)$ 表示为

$$w(n\Delta z) = u(n\Delta z) - ru[(n-1)\Delta z], n = 1:N-1 \tag{4.1.4}$$

其中，$w(0) = w(N\Delta z) = 0$。

因此 SSFT 中的正变换过程可通过下式求解：

$$W(x, j\Delta p) = \sum_{n=1}^{N-1} w(n\Delta z)\sin(\frac{jn\pi}{N}) \tag{4.1.5}$$

利用 $w(x+\Delta x, n\Delta z)$ 求解 $u(x+\Delta x, n\Delta z)$ 时，首先求解式（4.1.4）的特解 $u_p(x+\Delta x, n\Delta z)$，表示为

$$u_p(x+\Delta x, n\Delta z) = w(x+\Delta x, n\Delta z) + ru_p[x+\Delta x, (n-1)\Delta z] \tag{4.1.6}$$

而通解 $u(x+\Delta x, n\Delta z)$ 即为

$$u(x+\Delta x, n\Delta z) = u_p(x+\Delta x, n\Delta z) + Ar^n \tag{4.1.7}$$

其中，

$$A = c(x+\Delta x) - \sum_{n=0}^{N} u_p(n\Delta z)r^n \tag{4.1.8}$$

$$c(x) = \sum_{n=0}^{N-1} r^n v(x, n\Delta z) \tag{4.1.9}$$

$$c(x+\Delta x) = c(x)e^{i\Delta x \cdot \sqrt{k^2 + (\frac{\ln r}{\Delta z})^2}} \tag{4.1.10}$$

因此，在已知 $u(x, n\Delta z)$ 的条件下，利用 PE 方程和 DMFT 算法求解 $u(x+\Delta x, n\Delta z)$ 的过程可表示为：

（1）利用式（4.1.4）计算辅助变量 $w(n\Delta z)$。

（2）利用 DST 计算 $W(x, n\Delta p)$。

（3）不考虑折射率的影响，利用式（3.1.12）的 SSFT 算法，计算（$x+$

$\Delta x)$ 处的 $W(x+\Delta x,n\Delta p)$。

（4）利用 IDST 逆变换求 $w(x+\Delta x,n\Delta z)$，利用式（4.1.6）求解特解 u_p $(n\Delta z)$。

（5）利用式（4.1.7）求解 $u(x+\Delta x,n\Delta z)$，并乘以折射率项 $e^{ik_0\Delta x(n-1)}$。

4.2　粗糙海面的近似处理

受粗糙海面的影响，电磁波在海上传播时会发生反射和散射等现象，影响雷达等电子设备的性能[124]。精确计算粗糙海面和大气波导条件下大尺度区域内电磁波的场强，需要实现大量的计算，运算时间长，因而无法满足实际需要[125]。而抛物方程（PE）模型可实现大气波导条件下海上电磁场快速高精度的计算[78]。粗糙海面的反射条件可利用 Kirchhoff 近似法求解，将不同浪高反射场的相干叠加视为粗糙海面的反射场，利用海浪高度的概率密度函数计算海面的有效反射系数[126-127]。本节主要围绕粗糙海面近似模型展开研究，并对海浪遮蔽效应进行建模，改进模型求解过程，减少模型运算时间，最后利用仿真和试验数据对模型精度进行验证。

4.2.1　粗糙海面的有效反射系数

海面粗糙度近似模型利用 Kirchhoff 近似法对反射系数进行修正。设光滑海表面的反射系数为 Γ，海浪高度用 ξ 表示，其概率密度函数为 $p(\xi)$，电磁波掠射角度为 α，波数为 k_0，入射场强为 φ_0，对不同浪高条件下的反射电磁场进行积分即可得到有效的反射电磁场 φ_r：

$$\varphi_r = \Gamma\varphi_0\int_{-\infty}^{+\infty}\exp(-2ik_0\xi\sin\alpha)p(\xi)\mathrm{d}\xi \qquad (4.2.1)$$

因此,粗糙海表面对电磁波的反射过程可视为反射系数的变化,海面的有效反射系数可表示为

$$\Gamma_e = \rho\Gamma \tag{4.2.2}$$

式中,ρ 为粗糙度衰减因子,定义为

$$\rho(\alpha) = \int_{-\infty}^{+\infty} \exp(-2ik_0\xi\sin\alpha)p(\xi)\mathrm{d}\xi \tag{4.2.3}$$

从式(4.2.2)中可以看出,粗糙海面的近似模型仅对海面的反射系数进行了修正,因此与光滑海面的反射过程相比,粗糙海面反射电磁场的幅度及相位可能会发生变化,而传播方向未发生变化。常用的近似模型包括 Ament 模型以及 MB 模型,二者的主要区别在于海浪高度的概率密度函数不同。

Ament 模型中认为海浪高度服从均值为 0,方差为 σ_ξ^2 的高斯分布,其概率密度函数可表示为

$$p_A(\xi) = \frac{1}{\sigma_\xi\sqrt{2\pi}}\exp\left(-\frac{\xi^2}{2\sigma_\xi^2}\right) \tag{4.2.4}$$

将其代入式 2.3 中,可以得到 Ament 模型的粗糙度衰减因子

$$\rho_A(\alpha,\sigma_\xi) = \int_{-\infty}^{+\infty} \exp(-i\gamma\xi)p_A(\xi)\mathrm{d}\xi = \exp(-0.5\sigma_\xi^2\gamma^2) \tag{4.2.5}$$

式中,$\gamma = 2k_0\sin\alpha$。此时,Ament 模型粗糙海表面的有效反射系即为

$$\Gamma_A = \exp(-0.5\sigma_\xi^2\gamma^2)\Gamma \tag{4.2.6}$$

MB 模型对海浪高度的概率密度函数进行了改进,认为粗糙海面的海浪高度可表示为 $\xi = A\sin\theta$,其幅度 A 服从均值为 0,方差为 σ_ξ^2 的高斯分布,相位 θ 服从 $[-\pi/2, \pi/2]$ 的均匀分布。因此,可得到 MB 模型粗糙海表面海浪高度的概率密度函数

$$p_{MB}(\xi) = \frac{2}{2\pi^{3/2}\sigma_\xi}\exp\left(-\frac{\xi^2}{8\sigma_\xi^2}\right)K_0\left(\frac{\xi^2}{8\sigma_\xi^2}\right) \tag{4.2.7}$$

式中,$K_0(g)$ 表示零阶第二类修正 Bessel 函数。将上式代入式(4.2.3)中,即可得到 MB 模型的粗糙度衰减因子:

$$\rho_{\text{MB}}(\alpha,\sigma_\xi)=\int_{-\infty}^{+\infty}\exp(-i\gamma\xi)p_A(\xi)\mathrm{d}\xi=\exp(-0.5\gamma^2\sigma_\xi^2)I_0(0.5\gamma^2\sigma_\xi^2)$$

$$(4.2.8)$$

式中，$I_0(g)$表示零阶修正 Bessel 函数。此时 MB 模型的修正反射系数可表示为

$$\Gamma_{\text{MB}}=\exp(-0.5\gamma^2\sigma_\xi^2)I_0(0.5\gamma^2\sigma_\xi^2)\Gamma \qquad (4.2.9)$$

比较 Ament 模型和 MB 模型的修正反射系数可以发现，MB 模型的粗糙度衰减因子 ρ_{MB} 同 Ament 模型的粗糙度 ρ_A 之间的主要区别在于，ρ_{MB} 添加了一个零阶修正 Bessel 函数 $I_0(g)$，从而对 Ament 模型进行了修正。同时还可以发现，Ament 模型和 MB 模型的粗糙度衰减因子均为实数，因此其有效反射系数 Γ_A 和 Γ_{MB} 均是对 Fresnel 反射系数 Γ 幅度的修正，而相位未发生变化。

Ament 模型和 MB 模型的粗糙度衰减因子主要受电磁波掠射角 α 和海浪高度的方差 σ_ξ^2 影响，而 σ_ξ^2 主要受海上风速的影响（图 4.1）。在 Elfouhaily 海浪谱中，σ_ξ 可表示为[52]$\sigma_\xi\approx6.28\times10^{-3}u_{10}^{2.02}$，$u_{10}$ 表示距离海表面 10m 高度处的风速大小。两个模型粗糙度衰减因子与掠射角 α 和风速 u_{10} 之间的关系如图 4.1 所示。从图中可以看出，风速和掠射角的增大将使粗糙度衰减因子减小，从而得电磁波传播损耗增大。同时可以看出，ρ_{MB} 总是大于 ρ_A，从而使 MB 模型的有效反射系数 Γ_{MB} 大于 Ament 模型的有效反射系数 Γ_A。

Ament 模型和 MB 模型均可快速计算粗糙海面的反射系数，Miller 等[128]指出，MB 模型比 Ament 模型具有更高的计算精度，因此 MB 模型是目前最常用的粗糙海面近似模型。

4.2.2　海浪遮蔽效应模型

Ament 模型和 MB 模型中均忽略了海浪的遮蔽效应（shadow effect），

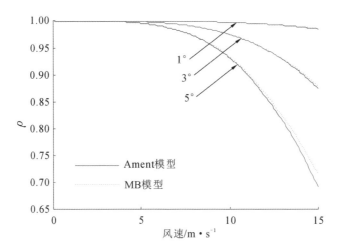

图 4.1 风速和掠射角对粗糙度衰减因子的影响

因而 Freund 等[76]和 Fabbro 等[129]在 Ament 模型的基础上提出了遮蔽模型。当电磁波掠射角 α 较小时,部分海面将被遮挡,不在电磁波辐射范围内[130],因此可将海面分为辐射区和遮蔽区[76],如图 4.2 所示,粗线表示照射区,虚线表示遮蔽区。

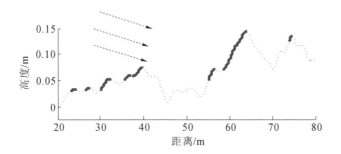

图 4.2 遮蔽效应示意图

遮蔽模型是在 Ament 模型基础上的改进。当电磁波掠射角度为 α 时,照射区海浪高度的概率密度可表示为[74,76]

$$p_{SHD}(\xi;\alpha) = p_A(\xi)S(\xi,\alpha,\sigma_\xi,\sigma_r) \qquad (4.2.10)$$

式中 σ_r 表示海浪斜率的均方差,$S(\xi;\alpha)$ 为遮蔽因子,可表示为

$$S(\xi,\alpha,\sigma_\xi,\sigma_r) = \frac{2B}{1-\exp(-2B)}\exp\left[-B\,\mathrm{erfc}\left(\frac{\xi}{\sqrt{2}\sigma_\xi}\right)\right] \quad (4.2.11)$$

$$B = \frac{\sigma_r}{2\sqrt{2\pi}\tan\alpha} \quad (4.2.12)$$

$p_{\mathrm{SHD}}(\xi;\alpha)$ 实际表示的是电磁波照射区域内,海浪高度的概率密度函数,而电磁波照射区域与电磁波掠射角有直接关系,因此 $p_{\mathrm{SHD}}(\xi;\alpha)$ 将随 α 的变化而发生变化。当 α 等于 $90°$ 时,电磁波从海面上方直接照射海面,照射区域应为整个海面,所以阴影因子 S 的大小恒等于 1,且 $p_{\mathrm{SHD}}(\xi;\alpha)$ 等于 $p_{\mathrm{A}}(\xi)$,即遮蔽效应模型变为 Ament 模型。

将 $p_{\mathrm{SHD}}(\xi;\alpha)$ 代入式(4.2.3)中,可以求得遮蔽效应模型的粗糙度衰减因子:

$$\rho_{\mathrm{SHD}}(\alpha,\sigma_\xi) = \int_{-\infty}^{+\infty}\exp(-i\gamma\xi)p_{\mathrm{SHD}}(\xi)\mathrm{d}\xi$$

$$= \frac{2B}{1-\exp(-2B)}\int_{-\infty}^{+\infty}\exp(-i\gamma\xi)\times\exp\left[-B\,\mathrm{erfc}\left(\frac{\xi}{\sqrt{2}\sigma_\xi}\right)\right]p_{\mathrm{A}}(\xi)\mathrm{d}\xi$$

$$(4.2.13)$$

式中,$\gamma = 2k_0\sin\alpha$,$\mathrm{erfc}(g)$ 为互补误差函数。此时,粗糙海面的有效反射系数可表示为:

$$\Gamma_{\mathrm{SHD}} = \rho_{\mathrm{SHD}}(\alpha,\sigma_\xi)\Gamma \quad (4.2.14)$$

式中,Γ 表示光滑海表面的反射系数。

设海浪高度服从 Elfouhaily 海浪谱,则海浪高度的均方根 σ_ξ 和斜率的均方根 σ_r 分别为

$$\sigma_\xi \approx 6.28\times10^{-3}u_{10}^{2.02} \quad (4.2.15)$$

$$\sigma_\gamma \approx 5.62\times10^{-2}u_{10}^{0.5} \quad (4.2.16)$$

式中,u_{10} 表示海平面上方 $10\mathrm{m}$ 高度处风速的大小。

图 4.3 给出了风速为 $5\mathrm{m/s}$、$10\mathrm{m/s}$、$15\mathrm{m/s}$ 时,Ament 模型、MB 模型及遮蔽效应模型的概率密度函数,图中,x 轴表示海浪高度 ξ,单位为 m;y

轴表示概率密度。不同条件下概率密度函数的均值和方差见表 4.1。需要注意的是,图 4.3(a)、(b)和(c)中,x 轴和 y 轴的范围不同。图 4.3(a)中给出了风速为 5m/s 条件下,Ament 模型、MB 模型以及遮蔽效应模型在掠射角为 0.5°、1°和 1.5°时的概率密度函数。从图中可以观察到,遮蔽模型的概率密度函数 p_{SHD} 接近高斯分布,且随着掠射角的减小,p_{SHD} 的极值点向右上方移动,这也表明 p_{SHD} 的均值将逐渐增大,而方差逐渐降低。掠射角度为 0.5°、1°和 1.5°时,p_{SHD} 的均值为 0.19、0.12 和 0.08,而均方根为 0.12、0.14 和 0.15。p_{SHD} 均值和方差随掠射角的变化主要与海表面电磁波照射范围有关。在相同海面粗糙度条件下,掠射角的减小,将使照射范围减小,照射区域集中在海浪高度较高的区域,遮蔽区域增多,p_{SHD} 的均值增大而方差减小。这也表明,在风速一定的条件下,随着掠射角的减小,海浪的遮蔽效应更加明显。

表 4.1 Ament 模型和遮蔽模型 PDF 的均值和方差

掠射角角度	风速					
	5m/s		10m/s		15m/s	
	均值(m)	均方根	均值(m)	均方根	均值(m)	均方根
ρ_A	0	0.16	0	0.66	0	1.49
ρ_{SHD} 0.5°	0.19	0.12	0.91	0.43	2.24	0.93
1.0°	0.12	0.14	0.62	0.54	1.61	1.15
1.5°	0.08	0.15	0.46	0.59	1.22	1.29

横向对比不同风速条件对概率密度函数的影响可以发现,随着风速的增大,Ament 模型概率密度函数 p_A 的方差将逐渐增大,当风速为 5m/s、10m/s 和 15m/s 时,p_A 的均方根分别为 0.16、0.66 和 1.49,在实际条件中主要表现在海浪起伏更加剧烈。对于遮蔽模型,掠射角为 0.5°时,若风速为 5m/s、10m/s 和 15m/s,则 p_{SHD} 的均值为 0.19、0.91 和 2.24,均方根为 0.12、0.43 和 0.93,即风速的增大将导致 p_{SHD} 的均值和方差的增大。其原

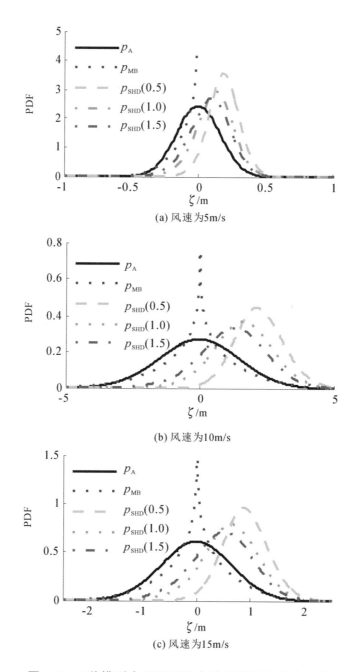

(a) 风速为5m/s

(b) 风速为10m/s

(c) 风速为15m/s

图 4.3　3 种模型在不同风速条件下的概率密度函数

因主要为,随着风速的增大,海浪起伏更加剧烈,海浪高度增高使遮蔽区域
扩大且照射区域高度的均值增大,而照射区域内因海浪起伏的加剧导致其

方差增大。这也表明了，在掠射角不变的条件下，风速的增大将导致遮蔽区域浪高的均值增大。

考虑到 Ament 模型、MB 模型及遮蔽模型的粗糙度衰减因子均与 Rayleigh 粗糙度 $2k_0\sigma_\xi\sin\alpha$ 有关。图 4.4 给出了粗糙度衰减因子随 $2k_0\sigma_\xi\sin\alpha$ 的变化，为研究风速和掠射角度对模型的影响，图 4.4(a)中保持掠射角不变，通过改变风速的大小使 $2k_0\sigma_\xi\sin\alpha$ 发生变化，图 4.4(b)则保持风速不变，而使掠射角逐渐变化。图中 Ament 模型的粗糙度衰减因子用 ρ_A 表示，MB 模型的粗糙度衰减因子用 ρ_{MB} 表示，在掠射角为 $0.5°$、$1°$和 $1.5°$且保持不变的条件下，遮蔽模型粗糙度衰减因子的幅度分别用 $\rho_{SHD}(0.5)$、$\rho_{SHD}(1)$和 $\rho_{SHD}(1.5)$表示，在风速大小为 5m/s、10m/s 和 15m/s 且保持不变的条件下，遮蔽模型粗糙度衰减因子的幅度分别用 $\rho_{SHD}(5)$、$\rho_{SHD}(10)$和 $\rho_{SHD}(15)$表示。

从图中可以看出，遮蔽模型的粗糙度衰减因子 ρ_{SHD} 总是小于 ρ_A，这是 ρ_{SHD} 的方差小于 ρ_A 的方差导致。而与 ρ_{MB} 比较，随着 $2k_0\sigma_\xi\sin\alpha$ 的增大，ρ_{SHD} 从大于 ρ_{MB} 逐渐变到小于 ρ_{MB}，并趋近 ρ_A。图 4.4(a)中，当掠射角为 $1°$和 $1.5°$时，ρ_{SHD} 与 ρ_A 随风速变化的曲线较为接近，而当掠射角为 $0.5°$时，ρ_{SHD} 与 ρ_A 变化曲线的区别较为明显，但四条曲线均会随风速增大而逐渐趋于 0。图 2.4(b)中，在风速为 5m/s 时，ρ_{SHD} 与 ρ_A 随风速变化的曲线较为接近，但在风速为 10m/s 和 15m/s 时，曲线差别较大。总体而言，掠射角越小风速越大时，ρ_{SHD} 与 ρ_A 差别越大。

4.2.3 遮蔽模型计算方法

遮蔽模型粗糙度衰减因子的计算过程繁琐，为此，本节提出极值拟合法对其计算过程进行简化，其方法主要是将照射区海浪高度的概率密度函数用高斯函数近似表示，从而得到一种形式简单且易于求解的粗糙度衰减

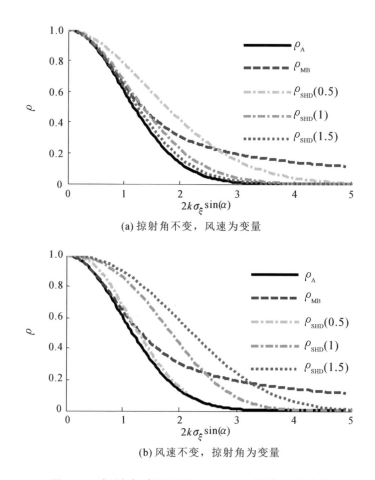

(a) 掠射角不变，风速为变量

(b) 风速不变，掠射角为变量

图 4.4　粗糙衰减因子随 Rayleigh 粗糙度的变化

因子。

考虑到照射区域海浪高度的概率密度函数 ρ_{SHD} 接近高斯分布，可利用 ρ_{SHD} 的均值和方差进行高斯分布拟合，其均值 $\overset{\ggg}{m}_\xi$ 和方差 $\overset{\ggg}{\sigma}_\xi^2$ 依据 ρ_{SHD} 计算得到：

$$\begin{cases} \overset{\ggg}{m}_\xi = \displaystyle\int_{-\infty}^{\infty} \xi \breve{\rho}_{SHD}(\xi,\alpha) \mathrm{d}\xi \\ \overset{\ggg}{\sigma}_\xi^2 = \displaystyle\int_{-\infty}^{\infty} (\xi - \overset{\ggg}{m}_\xi)^2 \breve{\rho}_{SHD}(\xi,\alpha) \mathrm{d}\xi \end{cases} \quad (4.2.17)$$

所以，当电磁波入射角为 α 时，拟合后的照射区域海浪高度的概率密度函数可表示为

$$\rho_G(\xi;\alpha) = \frac{1}{\overset{\ggg}{\sigma}_\xi \sqrt{2\pi}} \exp\left(-\frac{(\xi - \overset{\ggg}{m}_\xi)^2}{2\overset{\ggg}{\sigma}_\xi^2}\right) \qquad (4.2.18)$$

利用 $p_G(\xi;\alpha)$，可以得到对应的粗糙度衰减因子 $\rho_G(\alpha,\sigma_\xi)$ 和有效反射系数 Γ_G，分别表示为

$$\rho_G(\alpha,\sigma_\xi) = \exp(-i\gamma\overset{\ggg}{m}_\xi - 0.5\gamma^2\overset{\ggg}{\sigma}_\xi^2) \qquad (4.2.19)$$

$$\Gamma_G = \exp(-i\gamma\overset{\ggg}{m}_\xi - 0.5\gamma^2\overset{\ggg}{\sigma}_\xi^2)\Gamma \qquad (4.2.20)$$

其中，$\gamma = 2k_0\sin\alpha$，Γ 表示平静海面的反射系数。

从式(4.1.18)中可以看出，与 Ament 模型和 MB 模型不同的是，遮蔽模型的有效反射系数不但对其幅度进行了修正，而且在相位上同样存在修正。Freund 等[72]就指出，在风速较大时，对 Ament 模型和 MB 模型在相位上进行修正，可使其误差显著减小。

利用抛物方程求解电磁波传播特性时，每一次步进时电磁波的掠射角并不相同，同时浪高的方差（风速大小）也可能存在变化。这就导致在抛物方程中利用上述方法求解粗糙海面条件下的传播衰减，需要进行大量的积分运算，从而占用大量的计算时间。虽然高斯拟合过程简化了有效反射系数的求解，但风速或掠射角发生变化时，均需重新进行积分计算。为进一步简化遮蔽模型的求解过程，此处对照射区域海浪高度概率密度函数的均值和方差计算过程进行化简。

考虑到高斯概率密度函数的均值和方差与其极值有关，极值的横坐标对应高斯分布的均值，而纵坐标与方差有关。因此，可利用海浪高度概率密度函数 ρ_{SHD} 极值点对应的高斯函数对 ρ_{SHD} 近似表示。若 ρ_{SHD} 的极值点为 (x,y)，则极值法拟合的高斯函数均值 m'_ξ 和均方差 σ'_ξ 可表示为

$$\begin{cases} m'_\xi = x \\ \sigma'_\xi = \dfrac{1}{y\sqrt{2\pi}} \end{cases} \qquad (4.2.21)$$

所以，均值 m'_ξ 和均方差 σ'_ξ 的求解过程，可简化为概率密度函数 ρ_{SHD}

$(\xi;\alpha)$的极值求解过程。

令 $h=\dfrac{\xi}{\sqrt{2}\sigma_\xi}$，并代入式（4.2.10）表示的 ρ_{SHD} 中，可将 ρ_{SHD} 简化为

$$\rho_{\text{SHD}}(h)=a\exp[-B\operatorname{erfc}(h)-h^2] \tag{4.2.22}$$

其中，

$$a=\frac{2B}{1-\exp(-2B)}\frac{1}{\sqrt{2\pi}\sigma_\xi} \tag{4.2.23}$$

对 $\rho_{\text{SHD}}(\text{h})$ 中的 h 求导，并令其为 0，可计算得到：

$$\frac{B}{\sqrt{\pi}}\exp(-h^2)-h=0 \tag{4.2.24}$$

求解上式，可以得到 h 的极值点：

$$h=b\exp(-c/2) \tag{4.2.25}$$

式中，参数 b 和 c 分别为

$$b=B/\sqrt{\pi} \tag{4.2.26}$$

$$c=L(2C^2) \tag{4.2.27}$$

其中，$L(g)$ 表示 Lambert 函数，若 $y=L(x)$，则 $x=y\exp(y)$。将式（4.2.25）代入式（4.2.21），可得均值 m'_ξ 和均方差 σ'_ξ 的计算公式：

$$\begin{cases} m'_\xi=\sqrt{2}\sigma_\xi h \\ \sigma'_\xi=\dfrac{1}{\sqrt{2\pi}p_{\text{SHD}}(\overset{\gg}{m}_\xi\mid\theta)} \end{cases} \tag{4.2.28}$$

因此，极值法求得的照射区域海浪高度的概率密度函数可表示为

$$\rho_{\text{E}}(\xi;\alpha)=\frac{1}{\sigma'_\xi\sqrt{2\pi}}\exp\left(-\frac{(\xi-m'_\xi)^2}{2\sigma'^2_\xi}\right) \tag{4.2.29}$$

于是可以求得，粗糙度衰减因子 ρ_{E} 和有效反射系数 Γ_{E} 分别表示为

$$\begin{cases} \rho_{\text{E}}=\exp(-iQm'_\xi-0.5Q^2\sigma'^2_\xi) \\ \Gamma_{\text{E}}=\exp(-iQm'_\xi-0.5Q^2\sigma'^2_\xi)\Gamma_0 \end{cases} \tag{4.2.30}$$

4.2.4 仿真与试验验证

为验证模型的有效性,本节将与其他几种模型进行比较,主要比较海浪高度概率密度函数、粗糙度衰减因子及电磁波的传播因子等三个方面的结果,最后通过试验数据对模型进行验证。

4.2.4.1 海浪高度概率密度函数的比较

首先对 Ament 模型、MB 模型、遮蔽模型、高斯近似的遮蔽模型以及极值近似的遮蔽模型的概率密度函数求解,设电磁波掠射角度 α 为 $0.5°$,风速条件为 $7\mathrm{m/s}$,海浪高度和斜率的均方根利用 Elfouhaily 海浪谱求解,可得到 4 种海浪高度概率密度函数如图 4.5 所示。

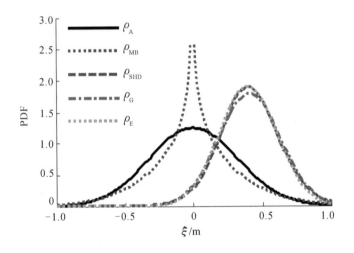

图 4.5 海浪高度的概率密度函数

图中,ρ_A、ρ_{MB}、ρ_{SHD}、ρ_G 和 ρ_E 分别表示 Ament 模型、MB 模型、遮蔽模型、高斯近似遮蔽模型和极值近似遮蔽模型的概率密度函数。其中 ρ_A 和 ρ_{MB} 的均值和均方差分别为 0 和 0.3199,而 ρ_{SHD} 和 ρ_E 的均值为 0.4090 和 0.3989,均方差为 0.2233 和 0.2106,ρ_G 的均值和方差与 ρ_{SHD} 相同。从图中

可以看出，ρ_{SHD} 的均值大于 0，且方差小于 ρ_A 的方差。这是因为，Ament 模型中海浪高度的概率密度函数仅与浪高的方差即风速有关，而考虑遮蔽条件后，照射区的概率密度函数还与掠射角 α 有关，当 α 逐渐减小时，照射区的范围将逐渐缩小，因此，照射区的浪高均值逐渐增大，而方差将逐渐减小，如图 4.6 所示。同时，从图 4.5 中可以发现，ρ_{SHD} 同 ρ_G、ρ_E 概率密度曲线十分接近，但是仍存在细微差别，其主要原因是 ρ_{SHD} 并不是高斯函数。

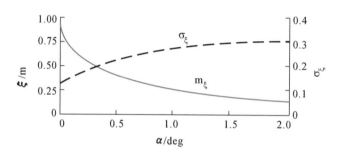

图 4.6　均值和均方差随掠射角的变化

4.2.4.2　粗糙度衰减因子的比较

进一步对遮蔽模型、高斯近似的遮蔽模型以及极值近似的遮蔽模型的粗糙度衰减因子进行比较。设风速为 $5m/s$ 时，粗糙度衰减因子的幅度和相位随掠射角的变化如图 4.7（a）所示，风速为 $10m/s$ 时，其结果如图 4.7（b）所示。

ρ_{SHD}、ρ_G 和 ρ_E 分别表示遮蔽模型、高斯近似遮蔽模型和极值近似遮蔽模型的粗糙度衰减因子。从两个图中可以看出，当粗糙度衰减因子幅度大于 0.5 时，ρ_E 和 ρ_G 与 ρ_{SHD} 的计算结果误差较小，但 ρ_G 的计算精度更高。而当粗糙度衰减因子幅度小于 0.5 时，ρ_G 的误差逐渐增大，ρ_E 精度更高。同时通过比较图 4.7（a）和（b）可以看出，风速的增大将使粗糙度衰减因子的幅度减小。这是因为风速的增大将使海浪高度起伏增大，从而使反射波的衰减幅度增大。

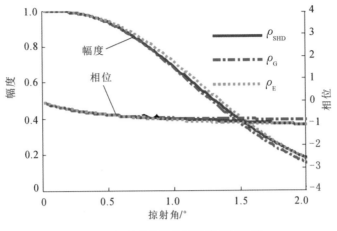

(a) 5m/s风速条件下的粗糙度衰减因子

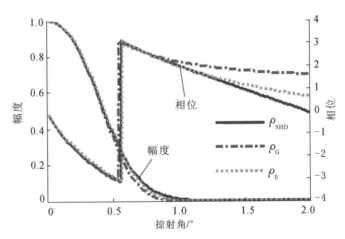

(b) 10m/s速条件下的粗糙度衰减因子

图4.7 粗糙度衰减因子随掠射角度的变化

4.2.4.3 传播因子的比较

海面上空电磁波的传播因子可利用海面反射系数计算得到,利用双射线模型可表示为

$$\eta = \sqrt{1 + |\Gamma|^2 + 2|\Gamma|\cos(k_0\delta + \angle\Gamma)} \tag{4.2.31}$$

其中,Γ表示海面的反射系数,$\angle\Gamma$表示反射系数的相位,k_0为电磁波波数,δ为直射波和反射波的距离差。

设天线高度为 10m,电磁场频率为 3GHz,传播距离为 1km,计算的高度为50m,计算点数为 250 个点,忽略大气和地球曲率的影响,风速条件为 7m/s,利用双射线模型计算海面上空电磁波的传播因子。4 种模型计算得到的传播因子如图 4.8 所示。

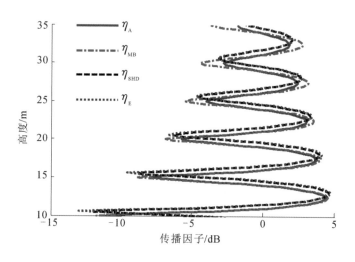

图 4.8　传播因子

η_A、η_{MB}、η_{SHD} 和 η_E 分别表示利用 Ament 模型、MB 模型、遮蔽模型和极值近似遮蔽模型有效反射系数计算得到的传播因子。从图中可以看出,考虑遮蔽条件后,η_{SHD} 与 η_A 计算结果存在明显差别,主要表现在传播因子极值的高度和大小不同。极值的高度与反射系数的相位有关,而 Ament 模型和遮蔽模型的海面有效反射系数相位不同,Ament 模型中,海浪高度的均值为 0,因此有效反射系数与光滑海面反射系数相位相同,而遮蔽模型中反射系数的相位存在修正,使传播因子极值高度发生变化。极值的大小与反射系数的幅度有关,遮蔽条件下仅考虑照射区的反射场,反射场的相干作用减弱,因此遮蔽模型有效反射系数的幅度大于 Ament 模型,海面的反射场强度增大,使极大或极小值增大或减小。同时可以看出,η_A 和 η_{MB} 具有相同的极值高度,但二者的极值大小不同,说明其有效反射系数相位相同但幅度不同,η_{MB} 的有效反射系数幅度小于 η_A。而比较 η_{SHD} 与 η_{MB} 可以发现,在高度较低时,η_{SHD} 的反射场大于 η_{MB};而在高度较高时,η_{SHD} 的反射场小于 η_{MB},其原因是,在高度较低时,电磁波掠射角较小,遮蔽模型有效反射系数的幅度小于 MB 模型,而在较高位置处,电磁波掠射角增大,使遮蔽模型有效反射系数幅度增大,并大于 MB 模型。η_{SHD} 和 η_E 的计算结果基本相同,二者平均误差小于 0.07dB,验证了极值近似遮蔽模型的准确性。

从计算时间上看,η_A、η_{MB}、η_{SHD} 和 η_E 的计算时间分别约为 0.002s、0.008s、8.94min 和 0.781s。可以看出,因遮蔽模型中存在积分运算,η_{SHD} 的计算时间远大于 η_A 和 η_{MB},而 η_E 计算时间远小于 η_{SHD},有效提高了运算效率。

4.2.4.4 粗糙海面环境下电磁波传播特性分析

将粗糙海面的有效反射系数代入抛物方程模型中,计算蒸发波导条件下,海上电磁波传播特性。假设天线架高 10m,频率为 X 频段,风速条件为 5m/s,波导高度为 15m。受大气波导条件的影响,部分电磁波将陷获于波导层内,并在波导层内不断折射和反射,使其传播因子明显增大。利用4 种粗糙海面的近似模型得到的电磁波传播特性如图 4.9 所示,图中给出了 100km 处电磁波传播因子随高度的变化曲线。

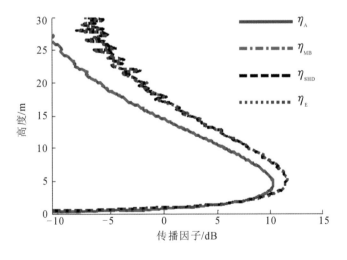

图 4.9 传播因子随高度的变化曲线

图中，η_A、η_{MB}、η_{SHD} 和 η_E 分别表示 Ament 模型、MB 模型、遮蔽模型和极值近似遮蔽模型计算得到的传播因子。从图中可以看出，η_A 和 η_{MB} 计算结果较为接近，η_{MB} 略大于 η_A，此结果与两个模型的有效反射系数相符，MB 模型有效反射系数的幅度大于 Ament 模型，因而反射场能量更强。同时可以看出，考虑海面遮蔽效应后，η_{SHD} 相比于 η_A 发生了明显变化，其原因是，陷获于波导层后电磁波掠射角较小，使遮蔽模型有效反射系数较大，因而 η_{SHD} 明显大于 η_A。在 4.5m 高度处 η_{SHD} 和 η_A 之间相差约 1dB，然而 η_{SHD} 的计算时间 11.43min 远大于 η_A 的计算时间 0.495s。η_E 与 η_{SHD} 计算结果相近，二者传播因子的最大值相差约 0.03dB，但相比于 η_{SHD}，η_E 的计算时间缩短至 1.158s，这说明在波导条件下，极值近似遮蔽模型可在保证计算精度基本不变的同时，有效减少遮蔽模型的运算时间。

4.2.4.5 试验验证

利用试验中获取的电磁波传播衰减的试验数据，对模型计算精度进行验证。试验中将雷达发射天线架设在岸边，工作在 X 频段，距水面高度 15m，接收天线使用喇叭天线，架设在船体上，距水面高度为 2m，船上加装气象仪，用于测量海上风速、湿度、气温及气压，测量过程中风速条件为 2~4m/s，同时利用测量球测量海上大气波导条件。将几种模型代入抛物方程模型中，计算波导条件下电磁波的传播损耗，计算结果及测量结果如图 4.10 所示。

图中蓝色的点为试验中的测量结果，L_A 和 L_{MB} 分别表示利用 Ament 模型计算和 MB 模型计算的传播衰减，L_{SHD} 和 L_E 分别表示利用遮蔽模型和极值近似遮蔽模型计算的传播衰减。表 4.2 中给出了 4 种模型计算的误差及运算时间。从图中可以看出，L_A 和 L_{MB} 结果基本相同，在图上表现为重叠的曲线，这是因为在小风速条件下，Ament 模型和 M-B 模型的有效反射系数相差较小。L_{SHD} 和 L_E 两方法计算结果相似。考虑遮蔽条件后，传播衰减的计算结果存在明显的区别，这是因为，相对于 Ament 模

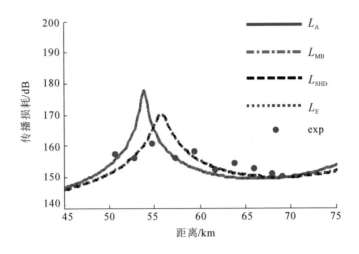

图 4.10 传播损耗随距离的变化

型和 MB 模型,遮蔽条件下海面有效反射系数的幅度相差较小,但反射系数的相位存在明显变化,因此在 2m 高度上计算得到的衰减损耗曲线存在明显区别。与试验结果相比,考虑遮蔽条件可提高模型计算精度约 1dB。极值近似遮蔽模型误差基本不变,但是运算时间减少约 600 倍。

表 4.2 几种模型的误差及运算时间

模型	L_A	L_{MB}	L_{SHD}	L_E
平均误差(dB)	3.47	3.47	2.54	2.55
计算时间	0.340s	0.320s	10.14min	1.074s

遮蔽模型的计算结果更接近测量结果,然而,模型计算结果与测量结果仍存在一定误差,其原因主要包括以下几个方面:

(1)设备测量误差。探空气球的传感器均为气象传感器,反应速度较慢,采样率为 1Hz,同时,气压传感器的精度为 0.3hPa,利用压高公式得到的高度精度仅为 ±3m,虽然对测量数据进行了降噪,但在折射率剖面数据中仍存在一定误差。

(2)大气波导条件的水平不均匀性及湍流作用使测量结果存在一定随

机性,从而造成传播衰减的测量误差。

(3)模型计算的误差。模型中需要利用掠射角计算模型的有效反射系数,掠射角的计算可通过射线追踪的方法实现,然而模型利用高频近似实现,结果存在一定的误差,从而使模型反射系数存在一定误差。

4.3 粗糙海面条件下电磁波的计算

粗糙海面近似法利用粗糙度衰减因子的概念,对海面的反射系数进行修正,可快速计算不同海面粗糙条件下电磁波的衰减特性。然而,粗糙海面近似法实际上将粗糙海面近似为反射系数不同的平面,忽略了电磁波传播方向的微小变化,以及海浪起伏造成的折射率变化。在小风浪条件下,电磁波传播方向变化较小,因而对波导陷获条件影响较小,同时海浪起伏对应的折射率变化不明显,因而近似法的误差相对较小。然而,当风浪较大时,忽略上述问题会对计算精度造成明显误差。为此,本书利用海浪谱建立粗糙海面地形条件,并利用 LSM 模型求解电磁波传播特性,并通过试验数据对这一方法的计算精度进行研究。

4.3.1 粗糙海面的生成

光滑海面是将海表面视为光滑的平面,常被用于简化分析海表面的反射作用对电波传播特性的影响。相对于光滑海面,粗糙海面考虑了海面的起伏过程,海面粗糙程度增大,通常会使电磁波的传播损耗增大。粗糙海面的形成主要与海上风浪、涌浪等因素有关,根据 Longuest-Higgins 理论,持续存在一定时间风场的海面上,浪高可视为具有各态历经的随机过程,因此二维浪高曲线可视为频率、振幅、相位不同的余弦波的叠加[131]。

若海浪高度的随机函数用 $\zeta(x,y)$ 表示,那么 $\zeta(x,y)$ 的自相关函数可表示为

$$\langle \zeta(x_1,y_1)\zeta(x_2,y_2)\rangle = \int_{-\infty}^{\infty} W(p,q)\exp[-j(x_1-x_2)-jq]\mathrm{d}p\mathrm{d}q$$

(4.3.1)

式中,$W(p,q)$ 为海浪的谱函数。海浪谱给出了不同风场条件下海面起伏的统计特征,反映了海浪内部的能量特征。国内外海浪谱均为半经验模型,主要包括 PM 谱、JONSWAP 谱及 Elfouhaily 谱,本书主要使用 Elfouhaily 海浪谱。

Elfouhaily 海浪谱表示为

$$W(p,q) = M(p)f(p,q)$$

(4.3.2)

式中

$$M(p) = (B_L + B_H)/p^3$$

(4.3.3)

$$f(p,q) = [1 + \Delta(p)\cos(2q)]/2\pi$$

(4.3.4)

式(4.3.3)中,B_L 表示重力波对谱的影响,B_H 表示张力波对谱的影响,B_L 的计算公式为

$$B_L = \alpha_p F_p c(p_p)/[2c(p)] = 3\times 10^{-3}\Omega^{1/2}F_p \sqrt{\frac{p_m^2+p_p^2}{p_m^2+p^2}\frac{p}{p_p}}$$

(4.3.5)

其中,$\alpha_p = 6\times 10^{-3}\Omega^{1/2}$,$\Omega$ 通常取 0.84,$p_m = 363\mathrm{rad/s}$,$c(p)$ 的表示式为

$$c(p) = [g(1+p^2/p_m^2)]^{1/2}$$

(4.3.6)

式中,g 为引力常数。$c(p_p)$ 满足:

$$c(p_p) = u_{10}/\Omega$$

(4.3.7)

式中,u_{10} 表示 10m 高度处风速的大小。因此,利用式(4.3.6)可求得

$$p_p = g\Omega^2/u_{10}^2$$

(4.3.8)

式(4.3.5)中,F_p 满足:

$$F_p = \gamma^\Gamma \times \exp[-(5p^2)/(4p_p^2)] \times \exp[-\Omega((p/p_p)^{1/2}-1)/\sqrt{10}]$$
$$(4.3.9)$$

式中,参数 γ 和 Γ 分别满足:

$$\gamma = \begin{cases} 1.7, 0.84 < \Omega \leqslant 1 \\ 1.7 + 6\log\Omega, 1 < \Omega \leqslant 5 \end{cases}$$
$$(4.3.10)$$

$$\Gamma = \exp\{-[(k/k_p)^{1/2}-1]^2/(2\delta^2)\}$$
$$(4.3.11)$$

其中,$\delta = 0.08(1+4/\Omega^3)$。

式(4.3.3)中 B_H 满足:

$$B_H = \alpha_m F_m c(p_m)/[2c(p)]$$
$$(4.3.12)$$

式中,$c(k_m)$ 取值 0.23m/s,α_m 和 F_m 满足:

$$\alpha_m = 10^{-2}\begin{cases} 1 + \ln[u_f/c(k_m)], u_f \leqslant c(k_m) \\ 1 + 3\ln[u_f/c(k_m)], u_f > c(k_m) \end{cases}$$
$$(4.3.13)$$

$$F_m = \gamma^\Gamma \exp[-(5p_p^2)/(4p^2)]\exp[-(p/p_m-1)^2/4]$$
$$(4.3.14)$$

式中,u_f 表示摩擦风速,u_f 与 10m 高度处风速的关系可表示为

$$u_f = u_{10}\sqrt{(0.81+0.064u_{10})\times 10^{-3}}$$
$$(4.3.15)$$

而式(4.3.4)中,$\Delta(p)$ 表示为

$$\Delta(p) = \tanh\{0.173 + 4[c(p)/c(k_p)]^{25} + 0.13(u_f/c(k_m))[[c(k_m)/c(p)^{25}]]\}$$
$$(4.3.16)$$

利用海浪谱建立海浪条件,可利用线性叠加的方法实现,利用海浪谱得到的余弦波的频率、幅度和相位,海浪可表示为余弦波的线性叠加。

4.3.2 分段线性地形变换

LSM 模型是在 PE 模型基础上建立的,并考虑了地形条件对传播特性的影响。LSM 模型同样是对波动方程的近似:

$$\frac{\partial^2 \Phi}{\partial u^2} + \frac{\partial^2 \Phi}{\partial v^2} + k^2 n^2 \Phi = 0 \tag{4.3.17}$$

式中,$\Phi(u,v)$ 为标量场大小,k 表示波数,n 表示大气折射指数,u 和 v 分别表示坐标轴的距离和高度。

若地形曲线为 $T(u)$,可将坐标系进行变换:

$$x = u, z = v - T(u) \tag{4.3.18}$$

式中,x 表示距离,z 表示不规则地形以上的高度。将式(4.3.18)代入式(4.3.17)中进行坐标变换可得:

$$\left(\frac{\partial}{\partial x} - T^{'}\frac{\partial}{\partial z}\right)^2 \varphi + \frac{\partial^2 \phi}{\partial z^2} + k^2 n^2 \phi = 0 \tag{4.3.19}$$

式中,$T^{'} = \frac{\mathrm{d}T}{\mathrm{d}u} = \frac{\mathrm{d}T}{\mathrm{d}x}$。设 $\phi = \Psi e^{i\theta}$,那么式(4.3.19)可变为

$$\left(\left[\frac{\partial}{\partial x} + i\frac{\partial \theta}{\partial x} - T^{'}\left(\frac{\partial}{\partial z} + \frac{\partial \theta}{\partial z}\right)\right] - i\sqrt{\left(\frac{\partial}{\partial z} + \frac{\partial \theta}{\partial z}\right)^2 \Psi + k^2 n^2 \Psi}\right)\Psi = 0 \tag{4.3.20}$$

仅保留前向传播,那么上式可变为

$$\left(\left[\frac{\partial}{\partial x} + i\frac{\partial \theta}{\partial x} - T^{'}\left(\frac{\partial}{\partial z} + \frac{\partial \theta}{\partial z}\right)\right] - i\sqrt{\left(\frac{\partial}{\partial z} + \frac{\partial \theta}{\partial z}\right)^2 \Psi + k^2 n^2 \Psi}\right)\Psi = 0 \tag{4.3.21}$$

令 $\theta(x,z) = k_0 T^{'} z + f(x)$,$k_0 = \dfrac{k}{\sqrt{1+T^{'2}}}$,$f^{'}(x) = k_0(1+T^{'2})$,那么上式可化简为

$$\left[\frac{\partial}{\partial x} + if^{'} - T^{'}\left(\frac{\partial}{\partial z} + \frac{\partial \theta}{\partial z}\right)\right]\Psi = i\sqrt{\frac{\partial^2}{\partial z^2} + 2ik_0 T^{'}\frac{\partial}{\partial z} - k_0^2 T^{'2} + k^2 n^2}\,\Psi \tag{4.3.22}$$

利用 Feit-Fleck 对根号项可展开,可表示为

$$\sqrt{\frac{\partial^2}{\partial z^2} + 2ik_0 T^{'}\frac{\partial}{\partial z} - k_0^2 T^{'2} + k^2 n^2} = K\sqrt{1 + \varepsilon + \eta + \zeta}$$

$$\approx \sqrt{1+\varepsilon} + \sqrt{1+\eta} + \frac{\zeta}{2} - 1 \qquad (4.3.23)$$

其中，$K^2 = k^2 - k_0^2 T'^2$，$\varepsilon = \dfrac{1}{K^2}\dfrac{\partial^2}{\partial z^2}$，$\eta = \dfrac{k^2}{K^2}(n^2-1)$，$\zeta = \dfrac{2ik_0 T'}{K^2}\dfrac{\partial}{\partial z}$。可得到的分段线性地形变换的宽角抛物方程为

$$\frac{\partial}{\partial x}\Psi = i\left(\sqrt{\frac{k^2}{1+T'^2} + \frac{\partial^2}{\partial z^2}} - 1\right)\cdot \Psi + ik\left(\sqrt{\frac{n^2 - T'^2}{1+T'^2}} - 1\right)\cdot \Psi$$

$$(4.3.24)$$

在地形曲线不连续的位置，应保证场 ϕ 的相位连续，因此应对波函数 Ψ 的相位进行修正：

$$\lim_{x^+ \to x_0}\Psi(x^+, z) = \lim_{x^- \to x_0}\Psi(x^-, z)\exp(ikz(\sin\alpha_1 - \sin\alpha_2)) \quad (4.3.25)$$

因线性地形的变化，其阻抗边界条件与水平条件存在一定差别，表示为

$$\frac{\partial u}{z} + \beta' u = 0, z = 0 \qquad (4.3.26)$$

$$\beta' = ik_0\cos\alpha\left[\sin\theta\left(\frac{1-\Gamma}{1+\Gamma}\right) + \tan\alpha(1-\cos\theta)\right] \qquad (4.3.27)$$

4.3.3 试验验证

为研究大风量条件下模型的准确性及电磁波的传播特性，本书利用试验中获得的数据与模型的结果进行比较，试验中设备安装位置与 4.2.4 节中的试验相同，但海上风速条件为 10m/s。图 4.11 中给出了 LSM 模型、粗糙海面近似模型以及试验测量的传播损耗，从图中可以看出，生成粗糙海面并利用 LSM 模型求解的传播损耗，计算精度较粗糙海面近似模型有着明显提高，LSM 模型的平均误差为 5.12dB，而近似模型的平均误差为 15.79dB。

而从运算时间上看，LSM 模型的运行时间远大于粗糙海面近似模型。

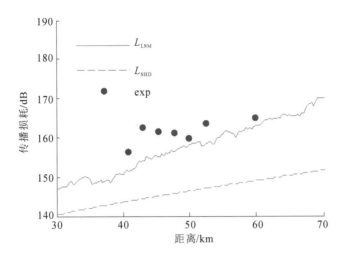

图 4.11 传播损耗随距离的变化

模型利用 MATLAB 求解,在 CPU 为 intel 酷睿 i5,主频为3.2GHz,系统内存为 16GB 的电脑上,当计算最大距离为 80km 时,LSM 运行时间约为59.8s,而粗糙海面近似模型运行时间约为 0.618s。运行时间显著变长是由距离网格变化造成的。利用粗糙海面近似模型求解电磁波路径损耗时,可设置较大的距离步长参数。而在海浪地形条件下,LSM 模型的步长与海浪曲线有关,由于海浪起伏较为剧烈,地形线段水平距离间隔较短,因而LSM 模型的步长较短。

4.4 基于双层网格的传播模型

相比于利用粗糙度衰减因子近似求解粗糙海面条件下电磁波的传播特性,在大风速条件下,利用 LSM 模型求解海浪地形条件下的电磁波衰减,可获得更加精确的结果,但运算时间显著变长。为此,本节提出基于双层网格的传播模型,将计算空间分为上、下两层,以减小网格个数,提高运算速度。

4.4.1 双层网格的实现

在 SSFT 的实现过程中,步长 Δx 几乎不受频率影响,取值通常较大,因而可快速实现大尺度区域电磁波传播特性的计算。在 Δx 确定的条件下,其计算量主要与计算的最大距离 R_{max}、最大高度 Z_{max}、最大传播角度 θ_{max}(或高度间隔 Δz)以及电磁波频率有关。距离网格和高度网格的个数 N_x 和 N_z 分别为

$$N_x = R_{max}/\Delta x \qquad (4.4.1)$$

$$N_z = \frac{Z_{max}k_0\sin\theta_{max}}{2\pi} \qquad (4.4.2)$$

可以看出,R_{max} 越大,距离网格 N_x 越多。Z_{max}、θ_{max} 或信号频率越大,高度网格的个数 N_z 越多[133]。

单步的 SSFT 在计算机实现过程中,即从 x 到 $(x+\Delta x)$ 的求解过程中,高度变量 z 的取值应满足以下条件:

(1)z 值的取值相等,且离散点的个数保持不变。

(2)因计算过程中的需要傅里叶变换,z 取值间隔 Δz 应保持不变。依据系统中的理论,Δz 相当于采样时间间隔,而 $k_0\sin\theta_{max}/2\pi$ 相当于采样频率,二者之间的关系满足:

$$\Delta z = \frac{2\pi}{k_0\sin\theta_{max}} \qquad (4.4.3)$$

为减少网格的个数以减小计算量,可将电磁场计算区域分为上、下两层,分别用两种不同的网格进行计算。然而,分步傅里叶变换中利用了离散正弦变换(或 DMFT),当波函数超出边界位置时,会发生因信号混频而形成的反射,所以在求解空间中电磁场时,会在计算最大高度位置处设置吸收层,通常利用窗函数实现,用以吸收超出上边界的电磁场能量。因此,若简单地将网格分成上、下两层,则下层网格中计算得到的电磁场将在分界位置处发生反射。

为防止电磁波在分界位置处发生反射,可在分界位置处设置一个过渡层。对于下层空间,过渡层的作用类似于吸收层,吸收分界位置处的电磁波作为 SSFT 的初值加入上层空间中。而对于上层空间,过渡层吸收上层空间电磁波并作为下层空间的初值。同时,为防止电磁波吸收不彻底,并在过渡层边界发生反射,可在过渡层边界设置扩展层,用于扩大计算区域。

图 4.12 给出了吸收层和扩展层的示意图。下层空间的高度范围为 $0 \sim Z_4$,距离方向上网格步长为 $\Delta x'$,而上层空间的高度范围为 $Z_1 \sim Z_{max}$,距离方向上网格步长为 $\Delta x(\Delta x > \Delta x')$。其中 Z_1 到 Z_4 高度范围为上、下两层空间的重叠区域,上扩展层高度为 H_u,下扩展层高度为 H_d,过渡层高度为 H_t。扩展层主要用于增大计算区域,以防止计算结果发生混叠,因此 H_u 和 H_d 最好大于 $\Delta x \times \tan(\theta_{max})$。

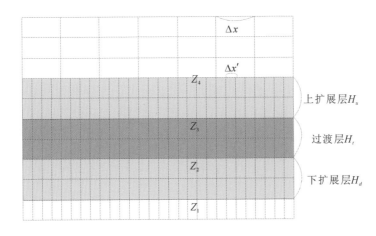

图 4.12 双层网格示意图

场的步进求解过程可表示如下,已知 x 位置处的标量场 Φ 时,下层网格的场强 Φ_1 和上层网格的场强 Φ_2 可表示为

$$\Phi_1(x,z) = \begin{cases} \Phi(x,z), z < Z_2 \\ \dfrac{Z_3 - z}{H_t}\Phi(x,z), Z_2 \leqslant z \leqslant Z_3 \\ 0, z > Z_3 \end{cases} \quad (4.4.4)$$

$$\Phi_2(x,z) = \begin{cases} 0, z < Z_2 \\ \dfrac{z - Z_2}{H_t}\Phi(x,z), Z_2 \leqslant z \leqslant Z_3 \\ \Phi(x,z), z > Z_3 \end{cases} \tag{4.4.5}$$

下层和上层空间在$(x+\Delta x)$位置处的场强$\Phi_1(x+\Delta x,z)$和$\Phi_2(x+\Delta x,z)$，可分别利用 PE 模型和 LSM 模型进行求解。Φ_2 计算高度范围为 $[Z_1, Z_{max}]$，计算区域内不受地形条件的影响，因此可利用步长 Δx 的 PE 模型求解。Φ_1 的计算高度范围为 $[0, Z_4]$，需要考虑地形曲线条件对传播特性的影响，可利用步长为 $\Delta x^{'}$ 的 LSM 模型求解。

在 LSM 模型和 PE 模型中，波函数 $u(x,z)$ 与标量场 $\Phi(x,z)$ 之间的关系式并不相同，因此场强分割与合并之前，需先求解标量场 Φ。利用 $\Phi(x,z)$ 步进求解 $\Phi(x+\Delta x,z)$ 的计算步骤可表示如下：

(1)利用式(4.4.4)和式(4.4.5)，将 $\Phi(x,z)$ 分为 Φ_1 和 Φ_2 两部分，并代入 LSM 模型和 PE 模型中，求解其波函数 u_1 和 u_2。

(2)以 Δx 为步长，利用 PE 模型及 x 位置处的波函数 $u_2(x,z)$，计算 $u_2(x+\Delta x,z)$。

(3)以 $\Delta x^{'}$ 为步长，利用式 LSM 模型及 x 位置处的波函数 $u_2(x,z)$，经多次步进计算 $u_1(x+\Delta x,z)$。

(4)利用 $u_1(x+\Delta x,z)$ 和 $u_2(x+\Delta x,z)$，计算 $(x+\Delta x)$ 位置处的标量场 $\Phi_1(x+\Delta x,z)$ 和 $\Phi_2(x+\Delta x,z)$，并相加得到需要的标量场 $\Phi(x+\Delta x,z)$。

相比于直接利用 LSM 模型求解电磁场，双层网格的方法可减小网格个数，从而提高运算效率，误差产生的原因主要包括 4 个方面：

(1)傅里叶的数值计算过程产生的误差。

(2)利用过渡层计算 Φ_1 和 Φ_2 的过程将产生误差。此方法相当于在 Φ_1 的上方和 Φ_2 的下方加入了特殊的边界条件，类似于 PE 模型中添加的吸收层对场强的吸收，随过渡层厚度 H_t 的增大，误差将逐渐减小。而当过渡层

厚度 H_t 等于 0 时,即直接将部分场强置 0,相当于在某些高度上增加了幅度相等且相位相反的场,将形成电磁场反射的效果。

(3)LSM 模型和 PE 模型计算的相位差异较大,会造成计算结果的误差。因 LSM 模型和 PE 模型均为近似模型,其结果在幅度上差异较小,但在相位上差异较大,且随频率和地形斜率增大而增大。因此,两个模型的计算结果 Φ_1 和 Φ_2 相加会使得 Φ 产生误差。

(4)在步进计算中,若扩展层高度较小,电磁场可能超出边界条件,从而造成电磁场的混叠。

4.4.2 仿真与验证

为验证模型的有效性,书中针对光滑海面和粗糙海面两种条件下的传播特性进行仿真。光滑海面条件中,设传播环境为真空,且反射系数为 1 的水平面作为下边界条件;粗糙海面条件中,设蒸发波导条件的存在,下边界为粗糙海面。电脑 CPU 为酷睿 i5,主频 3.2GHz,内存 8G,仿真中采用蒙特卡洛法,运算时间和误差为 100 次计算结果的均值。

4.4.2.1 光滑海面仿真

设雷达高度为 30m,信号频率为 L 频段,将天线的口径场作为初始场。设电磁波传播环境为真空,并忽略地球曲率,下边界为水平面,且反射系数为 1。计算高度设为 1024m,高度网格间隔为 1m,最大传播角为 8.6°。图 4.13 给出了在 10km 处,20～30m 高度 6 种网格条件下传播因子 η 随高度的变化曲线。表 4.3 中给出了 6 种网格的参数,以及传播因子 η 的误差和运算时间。

仿真中 η_1 直接利用 LSM 模型计算实现(在光滑平面条件下,LSM 模型将等同于 WPE 模型),η_2 到 η_6 均使用双层网格计算实现,其中,上扩展层厚度 H_u 均设为 10,并令 Z_1 等于 0。通过比较发现,双层网格模型可有

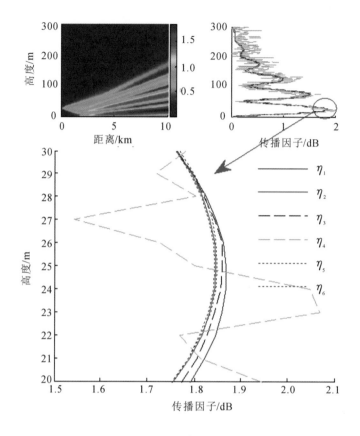

图 4.13　光滑海面仿真结果

效减小 LSM 模型运算量,但同时也会造成少量误差的存在。对 Φ_1 和 Φ_2 而言,过渡层相当于类似吸收层的特殊边界条件,因而吸收层的参数一定程度上会影响计算精度。相比于 η_2,η_3 中下层网格高度 Z_4 增高,即提高了过渡层的高度,因雷达天线高度低于过渡层高度,过渡层高度的提高将导致从下层空间进入上层空间的电磁波减少,从而提高了计算精度。η_4 中吸收层厚度 H_t 设为 0,即将 Φ_1 和 Φ_2 中边界位置的电磁场置 0,在步进求解过程中,这会使得部分电磁波发生反射,因此图 4.13 中 η_4 在下层空间中波动较大。η_5 增大了过渡层的厚度 H_t,减弱了过渡层边界条件造成的误差,从而减小了模型的计算误差。η_6 减小了大步长 Δx,因此在步进 Δx 距离后,进入过渡层的电磁波减少,从而减小了过渡层边界造成的误差。

表 4.3 网格的参数及运算结果

网格条件	小步长(m)(普通网格步长)	大步长(m)	Z_4(m)	H_t(m)	误差	运算时间(s)
1	1	—	—	—	—	8.25
2	1	200	64	10	0.0152	1.94
3	1	200	128	10	0.0080	2.33
4	1	200	64	0	0.1679	2.03
5	1	200	64	20	0.0141	1.97
6	1	50	64	10	0.0138	2.25

从运算时间上看，η_2 的运算时间为 η_1 的 $1/4$，η_2、η_4、η_5 的网格个数相同，因而运算时间基本一致，η_3 提高了下层空间的高度，η_6 中增大了上层空间的步进距离，均使得网格的个数增多，从而使得运算量增大。

4.4.2.2 粗糙海面仿真

双层网格在计算精度基本不变的情况下可显著提高运算效率，尤其是当信号频率较高、波数较大时，高度网格个数显著增多，在水平距离间隔较短的线性地形(如海浪曲线)条件下，使用双层网格计算电波传播特性能有效减少计算量。

设雷达高度为 10m，信号频率为 X 频段。下边界为 Elfouhaily 海浪谱[132]生成的海浪曲线，风速条件为 5m/s，线段的水平距离间隔 Δx_T 为 1m，同时大气中存在蒸发波导，高度为 12m，其修正折射率如图 4.14 所示，因而部分电磁波将陷获于波导层内。计算高度设为 819.2m，高度间隔为 0.1m，即最大传播角度为 9.6°。图 4.15 给出了在 100km 处，0~16m 高度范围内，6 种网格条件下传播因子 η 随高度的变化曲线。表 4.4 中给出了 6 种网格的参数，以及传播因子 η 的误差和运算时间。

87

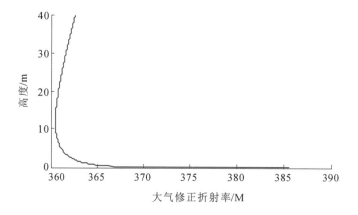

图 4.14　大气修正折射率

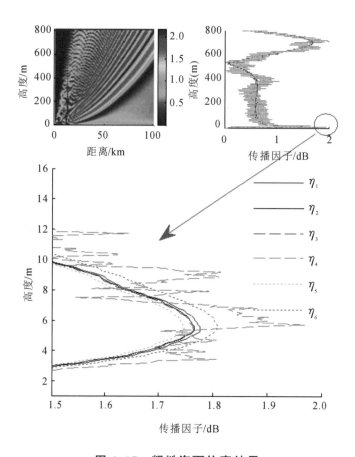

图 4.15　粗糙海面仿真结果

表 4.4　网格的参数及运算结果

网格条件	小步长(m)(普通网格步长)	大步长(m)	Z_4(m)	H_t(m)	误差	运算时间(min)
1	1	—	—	—	—	12.5
2	1	200	51.2	10	0.0089	0.99
3	1	200	102.4	10	0.0101	1.84
4	1	200	51.2	0	0.1080	1.03
5	1	200	51.2	20	0.0101	1.08
6	1	50	51.2	10	0.0208	1.28

仿真中，η_1 使用 LSM 模型，$\eta_2 \sim \eta_6$ 均使用双层网格模型，扩展层厚度 H_u 设为 20m，Z_1 设为 0。仿真中改变了 $\eta_2 \sim \eta_6$ 的网格参数，其中 η_3、η_4 和 η_5 的变化规律与 η_1 一致，这说明在粗糙海面条件下，Z_4 和 H_u 的增大同样会使得模型精度提高。但 η_6 中 Δx 的减小导致误差增大，其原因是，LSM 模型和 WPE 模型均为近似解，且在粗糙的海面条件下两个模型计算结果存在一些差别，尤其是电磁场的相位差异较大，步长 Δx 的减小使得步进次数增多，导致误差增大。而在 η_1 中，光滑海面条件下 LSM 模型等同于 WPE 模型，不会导致计算结果相位不一致而产生误差。

从运算时间上看，η_2 的运算时间为 η_1 的 $1/10$，η_2、η_4、η_5 的网格个数相同，因而运算时间基本一致。同时，下层空间的高度以及上层空间的步进距离的增大，将使网格个数增大，使得运算量变大。

受到下边界地形条件的限制，当地形曲线水平距离间隔较小时，LSM 模型的计算量较大。本书提出双层网格模型，将计算空间分成上、下两层，下层空间使用较小的步长并用 LSM 模型求解，用于计算地形条件对电磁波的影响，上层空间使用较大的步长并用 WPE 模型求解，两层之间设置过渡层，以实现二者间电磁波的交换。模型利用 LSM 模型和 WPE 模型的混合运算，减小单独使用 LSM 模型时较大的计算量。在光滑海面和粗糙海面条件下，对双层网格模型进行了仿真和验证，结果表明，双层网格模型可在保持较高计算精度的条件下显著提高运算效率，降低运算时间。

第5章 基于几何光学的电波传播模型研究

　　当计算高度较高、传播角度较大时,PE 模型的运算量将显著增大。与之相比,几何光学模型则不存在上述限制。几何光学模型是一种利用高频近似法研究电磁波传播问题的有效工具,可用于分析空间中电磁波传播问题。高频近似法主要基于场的"局部特性",即在一个给定范围内,场的波前可视为垂直于传播路径的平面[134],因而可利用射线的方法处理电磁场传播问题,而射线的轨迹即表示电磁波的传播路径,射线上场的矢量和即为电磁波的场强[135]。

　　射线追踪(ray tracing,RT)模型由几何光学模型发展而来,可用于求解复杂大气环境中电磁波传播轨迹、传播角度以及无线电时延和距离误差[136]。在海上大气环境中,大气的折射率不再为常数,而是随空间分布缓慢变化的函数,利用几何光学求解射线的轨迹时,需要通过积分运算实现,运算时间较长。泰勒近似的 RT 模型是对几何光学模型的近似,对 Snell 定律中三角函数进行泰勒展开,使模型运算速度显著提高,然而模型误差会随射线传播角度的增大而增大[137]。射线光学(ray optics,RO)模型是在 RT 模型基础上,实现射线传播因子和相位的计算,可求解大气波导条件下的电磁波,然而 RO 模型中存在较多的局限性,因而限制了模型的使用[138]。

本章将利用高频近似的基本公式,对大气波导条件下射线模型展开研究。首先在 5.1 节给出高频近似的基本公式,这是本章的理论基础。5.2 节介绍泰勒近似的 RT 模型,并对模型的误差进行分析。5.3 节利用程函方程推导出一种新的射线追踪模型,与 RT 模型具有相近的运算效率,但计算精度更高。5.4 节提出一种新的传播模型,可用于求解大气波导条件下电磁波的传播特性,并利用 PE 模型对其精度进行验证,可以发现,新的传播模型计算精度较高,求解高空中电磁波的传播特性问题时,运算效率会显著提高。

5.1 波动方程的高频近似

高频近似法是对波动方程的近似,在二维空间中,标量波动方程可表示为

$$\Delta u(x,z) + k^2 n^2 u(x,z) = 0 \qquad (5.1.1)$$

式中,u 为标量场,Δ 为 Laplace 算子,k 表示自由空间波数,n 为介质折射率,标量波动方程的解可用下式表示:

$$u(x,z) = A(x,z) e^{ik\varphi(x,z)} \qquad (5.1.2)$$

其中,$A(x,z)$ 表示场的振幅,$\varphi(x,z)$ 表示场的相位,也可称为程函,是与光程有关的函数。将式(5.1.2)代入式(5.1.1)中,可将波动方程化为振幅和相位的关系式:

$$\Delta A + ik(2\nabla\varphi \cdot \nabla A + A\Delta\varphi) + k^2 A(n^2 - \nabla\varphi \cdot \nabla\varphi) = 0 \quad (5.1.3)$$

假设波数 $k \to \infty$,对振幅 $A(x,z)$ 按渐进法展开,并忽略高阶项,可以得到程函方程和传输方程:

$$\nabla\varphi \cdot \nabla\varphi = n^2 \qquad (5.1.4)$$

$$2\,\nabla\varphi \cdot \nabla A_0 + A_0 \Delta\varphi = 0 \tag{5.1.5}$$

其中,程函方程给出了场的相位和介质折射率之间的关系,说明相位 φ 由折射率 n 决定;传输方程中,A_0 表示振幅 A 的零阶分量,在高频近似条件下,A_0 等于 A。

波阵面的传播方向与 $\nabla\varphi$ 有关,若射线轨迹的弧长用 s 表示,其切向量可表示为 $t = \left\{\dfrac{\mathrm{d}x}{\mathrm{d}s}, \dfrac{\mathrm{d}z}{\mathrm{d}s}\right\}$,那么 t 和 $\nabla\varphi$ 之间的关系为

$$t = \frac{\nabla\varphi}{n} \tag{5.1.6}$$

因此,

$$\frac{\mathrm{d}(nt)}{\mathrm{d}s} = \frac{\mathrm{d}(\nabla\varphi)}{\mathrm{d}s} = (t \cdot \nabla)\nabla\varphi = \frac{1}{n}\nabla\varphi(\nabla \cdot (\nabla\varphi))$$
$$= \frac{1}{2n}\nabla(\nabla\varphi)^2 = \frac{1}{2n}\nabla n^2 = \nabla n \tag{5.1.7}$$

即

$$\frac{\mathrm{d}(nt)}{\mathrm{d}s} = \nabla n \tag{5.1.8}$$

式(5.1.8)即为射线方程,在非均匀介质中折射率 n 是随空间位置变化的函数可用 $n(x,z)$ 表示。对于海上大气条件,n 在 x 轴方向上的变化较为缓慢,因此 $n(x,z)$ 可简化为 $n(z)$。若折射率条件 n 已知,则利用式(5.1.8)可求解射线轨迹:

$$\frac{\mathrm{d}}{\mathrm{d}s}\left(n\frac{\mathrm{d}x}{\mathrm{d}s}\right) = 0 \tag{5.1.9}$$

$$\frac{d}{\mathrm{d}s}\left(n\frac{\mathrm{d}z}{\mathrm{d}s}\right) = \frac{\mathrm{d}n}{\mathrm{d}z} \tag{5.1.10}$$

当射线传播方向与 x 轴的夹角为 α 时,$\mathrm{d}x = \mathrm{d}s\cos\alpha$,代入式(5.1.9)可得到 Snell 定律,表示为

$$n\cos\alpha = \mathrm{const} \tag{5.1.11}$$

5.2 射线追踪模型

5.2.1 泰勒近似的射线追踪模型

射线的追踪过程可直接利用 Snell 定律。当射线传播角度为 α 时，α 与射线高度 z 之间的关系满足[139]：

$$n(z)\cos\alpha = n(z_0)\cos\alpha_0 \qquad (5.2.1)$$

其中，z_0 和 α_0 分别表示射线的初始高度和传播角度。若 $\mathrm{d}x$ 表示射线水平距离的变化分量，$\mathrm{d}z$ 表示射线高度的变化分量，$\mathrm{d}s$ 表示射线传播距离的变化分量，那么，当 $\alpha > 0$ 时，$\mathrm{d}x$ 与 $\mathrm{d}z$ 之间的关系满足：

$$\frac{\mathrm{d}x}{\mathrm{d}z} = \frac{\mathrm{d}s\cos\alpha}{\mathrm{d}s\sin\alpha} = \frac{n(z)\cos\alpha}{n(z)\sin\alpha} = \frac{n(z)\cos\alpha}{\sqrt{n^2(z) - n^2(z)\cos^2\alpha}} \qquad (5.2.2)$$

将 Snell 定律代入式(5.2.2)中可以得到：

$$\frac{\mathrm{d}x}{\mathrm{d}z} = \frac{n(z_0)\cos\alpha_0}{\sqrt{n^2(z) - n^2(z_0)\cos^2\alpha_0}} \qquad (5.2.3)$$

因此，利用 x 与 z 之间关系可求得射线轨迹，表示为

$$x - x_0 = \int_{z_0}^{z} \frac{n(z_0)\cos\alpha_0}{\sqrt{n^2(z) - n^2(z_0)\cos^2\alpha_0}}\mathrm{d}z \qquad (5.2.4)$$

当 $\alpha < 0$ 时，上式可表示为

$$x - x_0 = -\int_{z_0}^{z} \frac{n(z_0)\cos\alpha_0}{\sqrt{n^2(z) - n^2(z_0)\cos^2\alpha_0}}\mathrm{d}z \qquad (5.2.5)$$

式(5.2.4)和式(5.2.5)为射线轨迹的积分表示形式，然而，利用积分计算射线轨迹运算量较大，运算时间较长。利用泰勒近似法可简化射线的计算

过程。首先对大气条件进行简化,假设大气条件为多个折射率梯度不同的层,而且每个层内的折射率梯度为常数,那么在折射率梯度为 g 的层内,大气折射指数 n 将随高度线性变化,表示为

$$n(z_2) - n(z_1) = g \times (z_2 - z_1) \qquad (5.2.6)$$

式中,下标 1 和 2 分别表示初始位置和结束位置。

当射线传播角度 α 接近 0°时,可将 $\cos\alpha$ 泰勒展开并仅保留二阶和常数项,因而可简化 Snell 定律,式(5.2.1)可变为[140]

$$n(z_2) - n(z_1) = \frac{\alpha_2^2 - \alpha_1^2}{2} \qquad (5.2.7)$$

式中,α_1 和 α_2 分别表示 z_1 和 z_2 处射线的传播角度。将折射率条件代入式(5.2.7)中,可以得到 z_1、z_2 与 α_1、α_2 之间的关系:

$$\alpha_2^2 - \alpha_1^2 = 2g(z_2 - z_1) \qquad (5.2.8)$$

考虑到 α 接近零,水平方向的变化分量 dx 和射线高度的变化分量 dz 满足

$$dz = dx \tan\alpha \approx dx \frac{\alpha_1 + \alpha_2}{2} \qquad (5.2.9)$$

因此可以得到射线水平距离与传播角度之间的关系为:

$$x_2 - x_1 = \frac{\alpha_2 - \alpha_1}{g} \qquad (5.2.10)$$

上述过程即为射线追踪模型求解射线轨迹的基本公式,模型中主要利用射线初始位置的参数 x_1、z_1 和 α_1,以及结束位置的距离 x_2 或高度 z_2,计算结束位置的参数 x_2、z_2 和 α_2。

5.2.2　射线轨迹误差分析

利用射线追踪模型可快速计算海上大气环境中射线的轨迹,但因模型中对传播角度进行了近似处理,因而模型适用的角度较小,通常只能计算

传播角度在 3°之内的射线轨迹。当天线位置处的大气折射指数为 1,大气折射率梯度为 0.1N/m 时,图 5.1 给出了 50km 距离处 RT 模型的高度的平均误差随初始角的变化,图 5.2 给出了 50km 距离处 RT 模型角度的平均误差随初始角的变化。从两个图中可以看出,随着传播角度绝对值的增大,RT 模型的角度误差变化较小,但其高度误差显著较大。

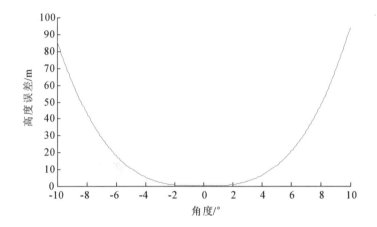

图 5.1 RT 模型的高度误差与初始角度的关系

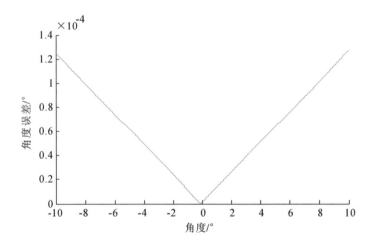

图 5.2 RT 模型的角度误差与初始角度的关系

5.3 基于几何光学的射线模型

RT 模型可以快速计算复杂大气环境中电磁波的射线轨迹,但当射线传播角度较大时,计算结果会存在明显的误差。本节将利用几何光学理论,对大气环境中电磁场计算方法展开研究,并利用程函方程推导出一种新的射线轨迹模型,相比于原有 RT 模型,本书提出的模型运算时间相同但精度更高。同时,本节还推导出射线上的振幅和相位,并利用 Maslov 提出的方法实现焦散区射线振幅的计算。

5.3.1 射线的轨迹

设变量 p、q 分别为

$$p = \frac{\partial \varphi}{\partial x}, q = \frac{\partial \varphi}{\partial z} \tag{5.3.1}$$

式中,φ 表示相位,与式(5.1.2)中意义相同,将其代入程函方程中,可以得知变量 p、q 应满足:

$$p^2 + q^2 = n^2 \tag{5.3.2}$$

考虑到 $\nabla\varphi$ 波面的法向量为射线的传播方向,因此可设参数 t,满足:

$$\frac{\mathrm{d}x}{\mathrm{d}t} = p, \frac{\mathrm{d}z}{\mathrm{d}t} = q \tag{5.3.3}$$

参数 p 对 t 求导可以得到:

$$\frac{\mathrm{d}p}{\mathrm{d}t} = \frac{\partial p}{\partial x}\frac{\mathrm{d}x}{\mathrm{d}t} + \frac{\partial p}{\partial z}\frac{\mathrm{d}z}{\mathrm{d}t} = p\frac{\partial^2 \varphi}{\partial x^2} + q\frac{\partial^2 \varphi}{\partial x \partial z}$$

$$= \frac{\partial \varphi}{\partial x}\frac{\partial^2 \varphi}{\partial x^2} + \frac{\partial \varphi}{\partial z}\frac{\partial^2 \varphi}{\partial x \partial z} = \frac{1}{2}\frac{\partial}{\partial x}\left[\left(\frac{\partial \varphi}{\partial x}\right)^2 + \left(\frac{\partial \varphi}{\partial z}\right)^2\right] = \frac{1}{2}\frac{\partial}{\partial x}n^2 \tag{5.3.4}$$

同理，参数 q 对 t 求导可以得到：

$$\frac{\mathrm{d}q}{\mathrm{d}t} = \frac{1}{2}\frac{\partial}{\partial z}n^2 \qquad (5.3.5)$$

通常，相比于水平方向上大气折射率的缓慢变化，高度方向上的变化十分明显，因此折射率 n 可用 $n(z)$ 表示，式(5.3.4)可表示为

$$\frac{\mathrm{d}p}{\mathrm{d}t} = 0 \qquad (5.3.6)$$

考虑其初值条件，即 $t=t_0$ 时，若射线起点为 (x_0,z_0)，p 和 q 的初始值分别为 p_0 和 q_0，则射线的初始条件可表示为

$$x(t_0) = x_0, z(t_0) = z_0, p(t_0) = p_0, q(t_0) = q_0 \qquad (5.3.7)$$

当射线初始传播角度(射线与 x 轴夹角)为 θ_0，初始位置处大气折射指数为 n_0 时，p_0 和 q_0 分别为

$$p_0 = n_0\cos\theta_0, q_0 = n_0\sin\theta_0 \qquad (5.3.8)$$

对 x 和 p 进行积分求解，可以得到：

$$\begin{cases} x(t) = p_0(t-t_0) + x_0 \\ p(t) = p_0 \end{cases} \qquad (5.3.9)$$

若大气折射率指数 $n(z)$ 用多个折射率梯度为常数的层表示，即与泰勒近似的 RT 模型相同，其中第 i 层的折射率 $n(z)$ 与高度 z 之间的关系式表示为

$$n(z) = \tau_i \times (z-z_i) + n(z_i)(z_i \leqslant z < z_{i+1}) \qquad (5.3.10)$$

那么在第 i 层时，折射率梯度为常数 k，$k=\tau_i$。将式(5.3.10)代入式(5.3.5)中，可求得折射率梯度为常数 k 时，q 与 t 的关系式为

$$\frac{\mathrm{d}q}{\mathrm{d}t} = \frac{1}{2}\frac{\mathrm{d}}{\mathrm{d}z}n^2 = nk \qquad (5.3.11)$$

因而可以得到：

$$\frac{\mathrm{d}^2q}{\mathrm{d}t^2} = k^2\frac{\mathrm{d}z}{\mathrm{d}t} = k^2q \qquad (5.3.12)$$

求解微分方程，即可求得：

$$q(t) = C_1 e^{kt} + C_2 e^{-kt} \qquad (5.3.13)$$

将 $q(t_0) = q_0$ 及 $\left. \dfrac{\mathrm{d}q}{\mathrm{d}t} \right|_{t=t_0} = kn(z_0)$ 的初始条件代入上式,可以得到

$$C_1 = (q_0 + n(z_0)) e^{-kt_0} / 2 \qquad (5.3.14)$$

$$C_2 = (q_0 - n(z_0)) e^{kt_0} / 2 \qquad (5.3.15)$$

利用式(5.3.3)中 z 与 q 之间的微分关系可以得到 z 与 t 的表达式:

$$z(t) = \int_{t_0}^{t} q(t) \mathrm{d}t + z_0 = \frac{1}{k}(C_1 e^{kt} - C_2 e^{-kt} - n(z_0)) + z_0 \quad (5.3.16)$$

将式(5.3.10)代入上式,可以得到:

$$n(t) = C_1 e^{kt} - C_2 e^{-kt} \qquad (5.3.17)$$

式(5.3.9)、(5.3.13)和(5.3.17)分别给出了参数 p、q 以及大气折射指数 n 随参数 t 变化的函数,代入程函方程可验证公式的正确性。$x(t)$、$z(t)$、$p(t)$ 和 $q(t)$ 可表示为

$$\begin{cases} x(t) = p_0(t - t_0) + x_0 \\ z(t) = \displaystyle\int_{0}^{t} q(t)\mathrm{d}t + z_0 = \frac{1}{k}(C_1 e^{kt} - C_2 e^{-kt} - n(z_0)) + z_0 \\ p(t) = p_0 \\ q(t) = C_1 e^{kt} + C_2 e^{-kt} \end{cases}$$

$$(5.3.18)$$

将 x 与 t 的关系式代入 $z(t)$ 中,即求得射线轨迹的曲线,表示为

$$z(x) = \frac{1}{k}(C_1 \exp(k(x - x_0)/p_0) - C_2 \exp(-k(x - x_0)/p_0) - n(z_0)) + z_0$$

$$(5.3.19)$$

在求解射线时,有时需要利用高度 z 求解射线距离 x,对上式求逆,可得到 x 与 z 之间的关系式,但此过程求解较为复杂,可直接利用程函方程及式(5.3.3)进行求解,表示为

$$\frac{\mathrm{d}z}{\mathrm{d}t} = q = \pm \sqrt{n^2(z) - p_0^2} \qquad (5.3.20)$$

当 $q>0$ 时,上式取正号,$q<0$ 时,上式取负号。因而 t 可用 z 表示为:

$$
t = \begin{cases} \displaystyle\int_{z_0}^{z} \frac{\mathrm{d}z}{\sqrt{n^2(z)-p_0^2}} + t_0, & q>0 \\ \displaystyle -\int_{z_0}^{z} \frac{\mathrm{d}z}{\sqrt{n^2(z)-p_0^2}} + t_0, & q<0 \end{cases}
\tag{5.3.21}
$$

将 $x(t)$ 代入上式,可以得到:

$$
x = \begin{cases} \displaystyle p_0\int_{z_0}^{z} \frac{\mathrm{d}z}{\sqrt{n^2(z)-p_0^2}} + x_0, & q>0 \\ \displaystyle -p_0\int_{z_0}^{z} \frac{\mathrm{d}z}{\sqrt{n^2(z)-p_0^2}} + x_0, & q<0 \end{cases}
\tag{5.3.22}
$$

上式与式(5.2.4)相同。当 $q>0$ 时,将折射率 $n(z)$ 的表示式[式(5.3.10)]代入上式,可以得到 x 与 z 之间的关系式:

$$
\begin{aligned}
x(z) &= p_0\int_{z_0}^{z} \frac{\mathrm{d}z}{\sqrt{n^2(z)-p_0^2}} + x_0 = p_0\int_{n(z_0)}^{n(z)} \frac{1}{k}\frac{\mathrm{d}n}{\sqrt{n^2(z)-p_0^2}} + x_0 \\
&= \frac{p_0}{k}\ln\left(\frac{n+\sqrt{n^2-p_0^2}}{p_0}\right)\Bigg|_{n(z_0)}^{n(z)} + x_0 = \frac{p_0}{k}(g(z)-g(z_0)) + x_0
\end{aligned}
\tag{5.3.23}
$$

其中,

$$
g(z) = \ln\left(\frac{n(z)+\sqrt{n(z)^2-p_0^2}}{p_0}\right)
\tag{5.3.24}
$$

当 $q<0$ 时 x 的表示式应为

$$
x = -\frac{p_0}{k}(g(z)-g(z_0)) + x_0
\tag{5.3.25}
$$

式(5.3.20)及(5.3.26)即为复杂大气环境中射线的轨迹方程。而射线的传播角度 θ 即为 $\arccos(p/n)$ 或 $\arcsin(q/n)$。

同时,利用式(5.3.13)和式(5.3.17)可以得到 t 和 q 之间的关系式:

$$
t = \frac{1}{k}\ln\left(\frac{q+n}{2C_1}\right)
\tag{5.3.26}
$$

将 x 与 t 的关系式代入上式,可以得到 x 和 q 之间的关系式:

$$
\begin{aligned}
x &= \frac{p_0}{k}\ln\left(\frac{q+\sqrt{q^2+p_0^2}}{2C_1}\right)-p_0t_0+x_0 \\
&= \frac{p_0}{k}\ln\left(\frac{q+\sqrt{q^2+p_0^2}}{q_0+\sqrt{q_0^2+p_0^2}}\right)+x_0
\end{aligned}
\tag{5.3.27}
$$

式(5.3.20)和式(5.3.24)即为射线的轨迹方程。

5.3.2 射线的相位和振幅

相位 $\varphi(x,z)$ 与 x、z 的关系可表示为

$$
\begin{aligned}
\varphi(x,z) &= \varphi_0+\int_{x_0}^{x}\frac{\partial\varphi}{\partial x}\mathrm{d}x+\int_{z_0}^{z}\frac{\partial\varphi}{\partial z}\mathrm{d}z \\
&= \varphi_0+\int_{t_0}^{t}\left(\frac{\partial\varphi}{\partial x}\frac{\mathrm{d}x}{\mathrm{d}t}\right)\mathrm{d}t+\int_{t_0}^{t}\left(\frac{\partial\varphi}{\partial z}\frac{\mathrm{d}z}{\mathrm{d}t}\right)\mathrm{d}t \\
&= \varphi_0+p_0^2(t-t_0)+\int_{t_0}^{t}q^2\mathrm{d}t \\
&= \varphi_0+p_0(x-x_0)+\int_{t_0}^{t}q^2\mathrm{d}t
\end{aligned}
\tag{5.3.28}
$$

将 $\dfrac{\mathrm{d}z}{\mathrm{d}t}=q$ 代入上式,可得到 $\varphi(x,z)$ 对 z 的积分形式

$$
\begin{aligned}
\varphi(x,z) &= \varphi_0+p_0(x-x_0)+\int_{t_0}^{t}q^2\mathrm{d}t \\
&= \varphi_0+p_0(x-x_0)+\int_{z_0}^{z}q\mathrm{d}z \\
&= \varphi_0+p_0(x-x_0)\pm\int_{z_0}^{z}\sqrt{n^2(z)-p_0^2}\,\mathrm{d}z
\end{aligned}
\tag{5.3.29}
$$

式中,$q>0$ 时积分项取正,$q<0$ 时积分项取负。若射线发生折射,使射线传播方向发生变化,在达到 z_{max} 后向 z 的负方向传播,那么上述积分应变为

$$\varphi(x,z) = \varphi_0 + p_0(x-x_0) \pm \int_{z_0}^{z_{max}} \sqrt{n^2(z)-p_0^2}\,\mathrm{d}z \mp \int_{z_{max}}^{z} \sqrt{n^2(z)-p_0^2}\,\mathrm{d}z$$

$$(5.3.30)$$

将式(5.3.10)大气折射率 $n(z)$ 代入积分项中,可得到:

$$\int_{z_0}^{z} \sqrt{n^2(z)-p_0^2}\,\mathrm{d}z = \int_{n(z_0)}^{n(z)} \frac{1}{k}\sqrt{n^2-p_0^2}\,\mathrm{d}n$$

$$= \frac{1}{k}\left(\frac{n(z)}{2}\sqrt{n^2(z)-p_0^2} - \frac{p_0^2}{2}\ln\left(n(z)+\sqrt{n^2(z)-p_0^2}\right)\right)\Bigg|_{n(z_0)}^{n(z)}$$

$$(5.3.31)$$

因此,$\varphi(x,z)$ 可表示为

$$\varphi(x,z) = \varphi_0 + p_0(x-x_0) \pm \frac{1}{k}(f(z)-f(z_0)) \quad (5.3.32)$$

$$f(z) = \frac{n(z)}{2}\sqrt{n^2(z)-p_0^2} - \frac{p_0^2}{2}\ln\left(n(z)+\sqrt{n^2(z)-p_0^2}\right) \quad (5.3.33)$$

式中,$q>0$ 时积分项的符号为正号,$q<0$ 时积分项的符号为负号。

相位 φ 还可用参数 t 来表示,将式(5.3.17)代入式(5.3.29)中,可对参数 t 积分并求解相位 $\varphi(t)$,表示为

$$\varphi(t) = \varphi_0(t_0) + \int_{t_0}^{t}(p^2+q^2)\,\mathrm{d}t$$

$$= \varphi_0(t_0) + \int_{t_0}^{t}n^2(t)\,\mathrm{d}t$$

$$= \varphi_0(t_0) + \left(\frac{1}{2k}C_1^2 e^{2kt} - \frac{1}{2k}C_2^2 e^{-2kt} - 2C_1C_2 t\right)\Bigg|_{t_0}^{t} \quad (5.3.34)$$

$$= \varphi_0 + \frac{1}{2k}(h(t)-h(t_0)) - p_0(t-t_0)$$

式中,

$$h(t) = (C_1^2\exp(2k(t-t_0)) - C_2^2\exp(-2k(t-t_0))) \quad (5.3.35)$$

射线上场的振幅可利用式(5.1.5)的传输方程进行求解,传输方程表示为

$$2\,\nabla\varphi \cdot \nabla A_0 + A_0 \Delta\varphi = 0 \tag{5.3.36}$$

其中，

$$\nabla\varphi \cdot \nabla A_0 = \frac{\partial\varphi}{\partial x}\frac{\partial A_0}{\partial x} + \frac{\partial\varphi}{\partial z}\frac{\partial A_0}{\partial z}$$

$$= \frac{1}{2}\left(\frac{\partial A_0}{\partial x}\frac{\mathrm{d}x}{\mathrm{d}t} + \frac{\partial A_0}{\partial z}\frac{\mathrm{d}z}{\mathrm{d}t}\right) = \frac{1}{2}\frac{\mathrm{d}A_0}{\mathrm{d}t} \tag{5.3.37}$$

$$A_0\Delta\varphi = A_0\left(\frac{\partial^2\varphi}{\partial x^2} + \frac{\partial^2\varphi}{\partial z^2}\right) = A_0\left(\frac{\partial p}{\partial x} + \frac{\partial q}{\partial z}\right)$$

$$= A_0\left(\frac{\mathrm{d}p}{\mathrm{d}t}\frac{\mathrm{d}t}{\mathrm{d}x} + \frac{\mathrm{d}q}{\mathrm{d}t}\frac{\mathrm{d}t}{\mathrm{d}z}\right) = A_0\left(0 + \frac{\mathrm{d}q}{\mathrm{d}t}\frac{1}{q}\right) \tag{5.3.38}$$

$$= A_0\,\frac{1}{q}\frac{\mathrm{d}q}{\mathrm{d}t}$$

所以有

$$\frac{\mathrm{d}A_0}{\mathrm{d}t} + A_0\,\frac{1}{q}\frac{\mathrm{d}p_2}{\mathrm{d}t} = 0 \tag{5.3.39}$$

左右两式同时乘以 $\sqrt{q}$（$q<0$ 时乘以 $\sqrt{-q}$），可以得到

$$\sqrt{q}\,\frac{\mathrm{d}A_0}{\mathrm{d}t} + A_0\,\frac{1}{\sqrt{q}}\frac{\mathrm{d}q}{\mathrm{d}t} = 0$$

$$\sqrt{q}\,\frac{\mathrm{d}A_0}{\mathrm{d}t} + A_0\,\frac{\mathrm{d}\sqrt{q}}{\mathrm{d}t} = 0 \tag{5.3.40}$$

$$\frac{d\left(A_0\sqrt{q}\right)}{\mathrm{d}t} = 0$$

当 $q<0$ 时上式表示为：

$$\frac{d\left(A_0\sqrt{-q}\right)}{\mathrm{d}t} = 0 \tag{5.3.41}$$

所以射线的振幅 A_0 满足：

$$A_0(x,z) = \frac{A_0(x_0,z_0)\sqrt{|q_0|}}{\sqrt{|q|}}$$

$$= \frac{A_0(x_0,z_0)\sqrt{|q_0|}}{(n^2(z) - p_0^2)^{1/4}} \tag{5.3.42}$$

由上式还可以看出,射线的振幅 A_0 与射线初始位置的振幅及参数 q_0 有关,振幅 A_0 将在 $q=0$ 处出现最大值,并随着 $|q|$ 的增大逐渐减小。而 q 与 $\sin(\theta)$ (θ 为传播角度)成正比,因此,对于陷获于波导层内的电磁波,当射线发生全反射时,电磁场的强度将出现最大值,而当射线传播角 θ 最大时,振幅 A_0 最小。同时还可以看出,对于陷获于波导层内的射线,q_0 越大,发生偏转时射线的振幅 A_0 就越大。

5.3.3 焦散区振幅的求解

从式(5.3.43)可以看出,当 $q \to 0$ 时,即射线传播角度 $\theta \to 0$ 时,射线的振幅 $A_0(x,z) \to \infty$,从而出现焦散的现象。焦散的出现主要由简单的高频近似方法造成,在高频近似过程中,式(5.1.3)中假设 $k \to \infty$,从而忽略了式中 ΔA 项对结果的影响,但在焦点或焦线处,ΔA 对计算结果存在一定的影响,所以造成了焦散问题的出现。

针对射线焦散的问题,Maslov 等提出一种谱域计算方法,利用解混合空间 $Y(x,q)$ 的高频近似解 $U(x,q)$,通过傅里叶逆变换得到物理空间 $X(x,z)$ 中的解 $u(x,z)$。$U(x,q)$ 与 $u(x,z)$ 变换关系满足带参变量 k 的傅里叶变换,其正变换和逆变换表示为

$$U(x,q) = \mathfrak{F}_k(u(x,z)) = \sqrt{\frac{k}{2\pi i}} \int_{-\infty}^{\infty} u(x,z) e^{-ikqz} \, \mathrm{d}z \qquad (5.3.43)$$

$$u(x,z) = \mathfrak{F}_k^{-1}(U(x,q)) = \sqrt{\frac{ik}{2\pi}} \int_{-\infty}^{\infty} u(x,z) e^{ikqz} \, \mathrm{d}q \qquad (5.3.44)$$

因此,物理空间中的波动方程,即式(5.1.1),经过变换后的可表示为

$$\frac{\partial^2 U}{\partial x^2} - k^2 q^2 U + k^2 n^2 \left(x, \frac{i}{k} \frac{\partial}{\partial q} \right) U = 0 \qquad (5.3.45)$$

混合空间 $Y(x,q)$ 的高频近似解 $U(x,q)$ 可表示为

$$U(x,q) = B_0(x,q) e^{ik\varphi(x,q)} \quad (k \to \infty) \qquad (5.3.46)$$

将上式代入波动方程中,可得到混合空间中的程函方程:

$$q^2 + \left(\frac{\partial \varphi}{\partial x}\right)^2 - n^2\left(-\frac{\partial \varphi}{\partial q}\right) = 0 \qquad (5.3.47)$$

设参数 p 和 r 分别为

$$p = \frac{\partial \varphi}{\partial x}, r = -\frac{\partial \varphi}{\partial q} \qquad (5.3.48)$$

则可以得知参数 p 和 r 应满足:

$$q^2 + p^2 - n^2(r) = 0 \qquad (5.3.49)$$

设参数 t 满足关系式:

$$\frac{\mathrm{d}x}{\mathrm{d}t} = p, \frac{\mathrm{d}q}{\mathrm{d}t} = -\frac{1}{2}\frac{\partial n^2}{\partial r} \qquad (5.3.50)$$

那么对参数 p 和 r 求导,可以得到:

$$\begin{aligned}
\frac{\mathrm{d}p}{\mathrm{d}t} &= \frac{\partial p}{\partial x}\frac{\partial x}{\partial t} + \frac{\partial p}{\partial q}\frac{\partial q}{\partial t} = p\frac{\partial p}{\partial x} - \frac{1}{2}\frac{\partial n^2}{\partial r}\frac{\partial^2 p}{\partial q \partial x} \\
&= p\frac{\partial p}{\partial x} - \frac{1}{2}\frac{\partial n^2}{\partial r}\frac{\partial r}{\partial x} = \frac{1}{2}(p^2 - n^2(r)) \\
&= 0
\end{aligned} \qquad (5.3.51)$$

$$\begin{aligned}
\frac{\mathrm{d}r}{\mathrm{d}t} &= \frac{\partial r}{\partial x}\frac{\partial x}{\partial t} + \frac{\partial r}{\partial q}\frac{\partial q}{\partial t} = p\frac{\partial p}{\partial q} - \frac{1}{2}\frac{\partial n^2}{\partial r}\frac{\partial r}{\partial q} \\
&= \frac{1}{2}\frac{\partial}{\partial q}(p^2 - n^2(r)) = -q
\end{aligned} \qquad (5.3.52)$$

因此,参数 x、q、p 以及 r 可表示为

$$\begin{cases}
\dfrac{\mathrm{d}x}{\mathrm{d}t} = p \\[2mm]
\dfrac{\mathrm{d}q}{\mathrm{d}t} = -\dfrac{1}{2}\dfrac{\mathrm{d}}{\mathrm{d}r}n^2 \\[2mm]
\dfrac{\mathrm{d}p}{\mathrm{d}t} = 0 \\[2mm]
\dfrac{\mathrm{d}r}{\mathrm{d}t} = -q
\end{cases} \qquad (5.3.53)$$

对比式(5.5.3)、式(5.5.5)及式(5.5.6)可以发现,式中的方程具有相同形式,同时可以发现 $r=-z$,其初始条件与式(5.3.7)的射线初始条件相同。而相位 φ 可利用微分关系求解,已知混合空间解的相位 φ 及物理空间解的相位 φ 满足全微分形式:

$$\mathrm{d}\varphi = p\mathrm{d}x + q\mathrm{d}z \tag{5.3.54}$$

$$\mathrm{d}\varphi = p\mathrm{d}x - z\mathrm{d}q \tag{5.3.55}$$

可以得到:

$$\mathrm{d}\varphi = \mathrm{d}\varphi - q\mathrm{d}z - z\mathrm{d}q = \mathrm{d}\varphi - \mathrm{d}(zq) \tag{5.3.56}$$

所以,φ 与 φ 的关系可表示为

$$\begin{aligned}\varphi(x,q) - \varphi(x_0,q_0) = \varphi(x,z(x,q)) - \varphi(x_0,z(x_0,q_0))\\ - z(x,q)q + z(x_0,q_0)q_0\end{aligned} \tag{5.3.57}$$

振幅 B_0 可利用传输方程求解,已知传输方程可表示为

$$2\frac{\partial B_0}{\partial x}\frac{\partial\phi}{\partial x} + B_0\frac{\partial^2\phi}{\partial x^2} + \frac{\partial B_0}{\partial q}\frac{\partial n^2(x,z)}{\partial z}\Bigg|_{z=-\frac{\partial\phi}{\partial q}} + \frac{1}{2}B_0\frac{\partial}{\partial q}\left(\frac{\partial n^2(x,z)}{\partial z}\Bigg|_{z=-\frac{\partial\phi}{\partial q}}\right) = 0 \tag{5.3.58}$$

对上式化简可以得到:

$$2\left(\frac{\partial B_0}{\partial x}\frac{\mathrm{d}x}{\mathrm{d}t} + \frac{\partial B_0}{\partial q}\frac{\mathrm{d}q}{\mathrm{d}t}\right) + B_0\left(\frac{\partial}{\partial x}\left(\frac{\mathrm{d}x}{\mathrm{d}t}\right) + \frac{\partial}{\partial q}\left(\frac{\mathrm{d}q}{\mathrm{d}t}\right)\right) = 0$$

$$2\frac{\mathrm{d}B_0}{\mathrm{d}t} + B_0\left(\frac{1}{p}\frac{\mathrm{d}p}{\mathrm{d}t} + \frac{1}{m}\frac{\mathrm{d}m}{\mathrm{d}t}\right) = 0 \tag{5.3.59}$$

$$\frac{2}{\sqrt{m}}\left(\sqrt{m}\frac{\mathrm{d}B_0}{\mathrm{d}t} + B_0\frac{\mathrm{d}\sqrt{m}}{\mathrm{d}t}\right) = 0$$

于是,振幅 B_0 应满足:

$$\frac{\mathrm{d}}{\mathrm{d}t}\left(\sqrt{m}B_0\right) = 0 \tag{5.3.60}$$

其中,$m(x,r) = -\frac{1}{2}\frac{\partial n^2(x,r)}{\partial r}$。所以可以得到:

$$B_0(x,q) = \frac{\sqrt{m(x_0,q_0)}B_0(x_0,q_0)}{\sqrt{m(x,q)}} \tag{5.3.61}$$

5.3.4　仿真与验证

为验证模型的有效性,本节首先对焦散区振幅的算法进行验证,然后利用几何光学(geometry opitcs,GO)模型对本书提出的模型进行验证,并与 RT 模型和 RO 模型的计算精度进行比较。

5.3.4.1　焦散区振幅计算模型的验证

下面对物理空间中的解 $u(x,z)$ 和混合空间中的解 $U(x,q)$ 进行讨论和比较。假设,射线从原点出发,传播角为 30°,在 0m 高度处的折射指数 $n(0)=1$,斜率 $k=0$,即为自由空间,若场的振幅为 1,那么空间中的场可表示为

$$u(x,z)= \exp(ik_0(p_0 x + q_0 z)) \tag{5.3.62}$$

其中,$p_0 = \cos 30°$,$q_0 = \sin 30°$,k_0 表示自由空间波数。经带参变量 k 的傅里叶变换后,$U(x,q)$ 可表示为

$$U(x,q) = e^{ik_0 p_0 x} \sqrt{\frac{k 2\pi}{i}} \delta(q - q_0) \tag{5.3.63}$$

假设信号频率为 1GHz,折射率指数梯度 $k>0$,那么射线将向上偏折。假设 $k=10^{-4}$,那么当射线从 0m 高度传播到 500m 高度时,射线的传播角度将由 30°变为 36.4°。图 5.3(a)给出了在射线传播过程中物理空间中的近似解 $u(x,z)$ 的振幅,图 5.3(b)给出了由 z 变化造成的相位变化,需要注意的是其中不包含 x 变化造成的相位变化。图 5.3(c)则是 $u(x,z)$ 经带参变量 k 的傅里叶变换解 $U(x,q)$ 的幅度特性。图 5.3(d)则为利用式(5.3.62)求解得到的近似解 $U_c(x,q)$ 的幅度特性。从图中可以看出,而 $U(x,q)$ 和 $U_c(x,q)$ 具有相同的变化趋势,即随着传播角度的增大,幅度逐渐降低。误差的产生除模型本身的高频近似外,还存在由计算造成的误差。在实际传播过程中,高度应变化到无穷远,而在计算中仅取有限范围,因而相当于对 $u(x,z)$ 乘以门函数,在频域上对 $U(x,q)$ 和 sinc 函数进行卷积计

算。图 5.3（e）给出了 $U_c(x,q)$ 逆变换求解得到的物理空间中的解 $u_c(x,z)$。可以看到，$u(x,z)$ 与 $u_c(x,z)$ 存在同样的变化趋势，即随着高度的增大，振幅逐渐减小。

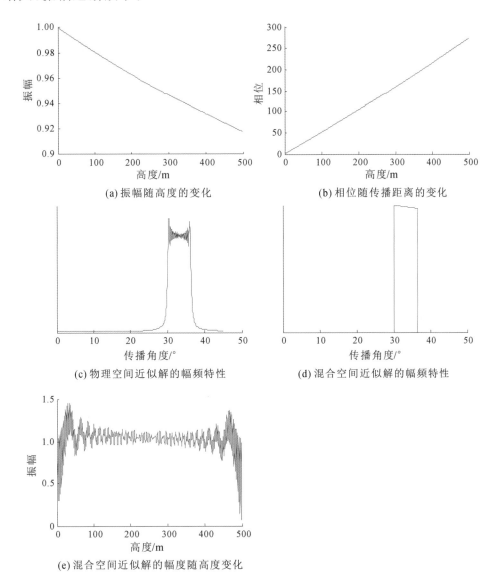

(a) 振幅随高度的变化

(b) 相位随传播距离的变化

(c) 物理空间近似解的幅频特性

(d) 混合空间近似解的幅频特性

(e) 混合空间近似解的幅度随高度变化

图 5.3 两种方法得到的射线相位和振幅

若折射率 $k<0$，在 0m 高度处折射指数 $n(0)=1/\cos 30°$，在 500m 高度处的折射指数 $n(500)=1$，那么射线将发生折射并使射线传播角度逐渐减

小,射线从 0m 高度传播到 500m 高度时,射线的传播角度将由 30°变为 0°,其传播曲线如图 5.4(a)所示,射线在 500m 处达到最高。物理空间中的近似解 $u(x,z)$ 在不同高度上的振幅如图 5.4(b)所示,随着高度的逐渐增加,振幅逐渐增大,在传播角度逐渐趋于 0°,振幅趋于无穷,而出现焦散。由 z 造成 $u(x,z)$ 相位变化的曲线由图 5.4(c)所示。图 5.4(d)为 $u(x,z)$ 傅里叶变换解 $U(x,q)$ 的幅度特性,图 5.4(e)为利用式(5.4.63)求解得到的近似解 $U_c(x,q)$ 的幅度特性,两个曲线的变化趋势相同,随着角度的增大而逐渐减小。图 5.4(f)为 $U_c(x,q)$ 逆变换的计算结果 $u_c(x,z)$。可以看出,$u_c(x,z)$ 与 $u(x,z)$ 曲线相似,然而在 500m 高度处 $u_c(x,z)$ 中不再出现焦散问题。

图 5.5 给出了一条发生焦散的射线的振幅值,其中红色虚线表示未修正焦散的射线振幅,可以看到射线在 73km、215km、358km 处发生全反射,此时射线振幅出现焦散,蓝色实线表示修正后射线的振幅,从图中可以看出,Maslov 模型可有效解决焦散区 $A \to \infty$ 的问题。

5.3.4.2 射线轨迹的比较

利用 GO 模型对本节中给出的射线模型进行验证,并与 RT 模型的计算结果进行比较,模型的误差利用平均误差的方法计算得到。设大气波导类型为表面波导,波导高度为 300m,在 300m 处大气修正折射率为 280M,最大陷获角度为 1°,高于 300m 区域的折射率梯度为 0.2m/s,射线初始位置为原点,并计算初始角为 1°、5°、10°和 30°的四条射线。利用 3 种模型计算射线的轨迹,结果如图 5.6 所示。3 个模型计算得到的 4 条射线在接触上边界或下边界时的距离见表 5.1。从结果可以看出,本书模型具有较高的计算精度,与 GO 模型相比,本书模型的误差小于 1m,而 RT 模型的误差随着射线初始角度的增大而逐渐增大,当初始传播角度为 1°时,RT 的误差约为 22m,而当传播角度为 30°时,RT 模型的误差约为 534m。

对比 3 个模型的运算时间。在利用 MATLAB 软件计算这 4 条射线,电脑 CPU 为酷睿 i5,主频 3.2GHz,内存 16G,GO 模型、本书模型及 RT 模型的运算时间分别为 5.71min、12.7ms 及 47.9ms,其中 GO 模型运算时间最长,因为 GO 模型中存在大量的积分运算。本书模型运算时间与 RT 模型相近,但本书模型运算时间略短,这一差别主要由程序编写思路不同造成。虽然在计算射线上单个点的空间距离时,本书模型的运算量大于 RT 模型,但在折射率梯度不变的射线范围内,本书模型可利用矩阵运算实现,而 RT 模型则利用步进求解实现,因而本书模型的运算时间略小于 RT 模型。

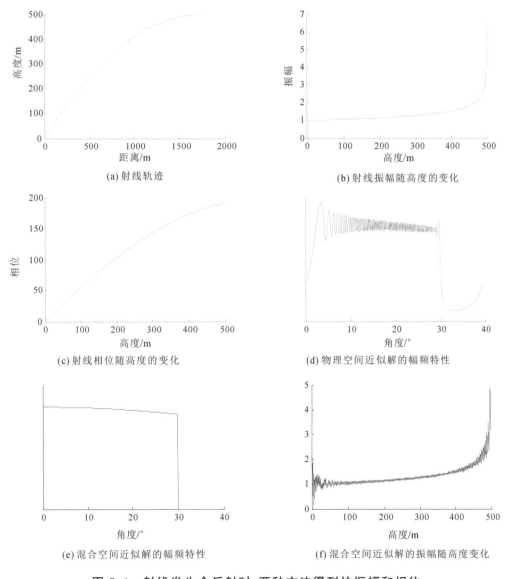

(a) 射线轨迹

(b) 射线振幅随高度的变化

(c) 射线相位随高度的变化

(d) 物理空间近似解的幅频特性

(e) 混合空间近似解的幅频特性

(f) 混合空间近似解的振幅随高度变化

图 5.4　射线发生全反射时,两种方法得到的振幅和相位

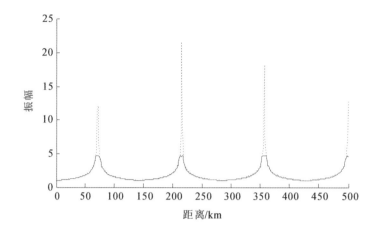

图 5.5　射线振幅随传播距离的变化

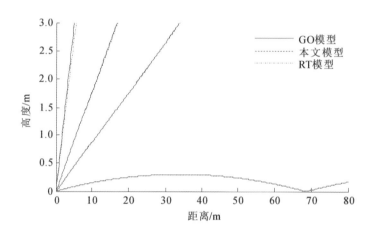

图 5.6　3 个模型计算的射线轨迹

表 5.1　射线传播距离

角度	1°	5°	10°	30°
GO 模型	68.749km	33.876km	16.959km	5.194km
本书模型	68.749km	33.876km	16.959km	5.194km
RT 模型	68.727km	33.964km	17.134km	5.728km

5.3.4.3　振幅及相位的比较

比较 GO 模型、RO 模型与本书模型计算得到的射线振幅和相位,模型的误差利用平均误差的方法计算得到。假设波导条件及射线初始位置与前文相同,同时考虑到初始角小于或等于1°时 RO 模型存在焦散的问题,设置射线的初始角度为 2°、5°、10°以及 30°,4 条射线的振幅和相位随高度的变化如图 5.7 所示。其中,图 5.7(a)为相位随高度的变化,图 5.7(b)为振幅随高度的变化。表 5.2 给出了 4 条射线在 3000m 高度处 3 种模型计算得到的振幅和相位。从计算结果看,RO 模型误差较大,与 GO 模型相比,本书模型计算的相位和振幅的精度均较高。RO 模型的误差大小与射线的初始角度有关,相位的误差随初始角度的增大而增大,而振幅的误差随初始角度的增大而减小。仿真中,GO 模型、本书模型与 RO 模型的计算时间分别为 14.5min、14.0ms 以及 78.2ms。可以看出,本书模型计算速度快且精度高。

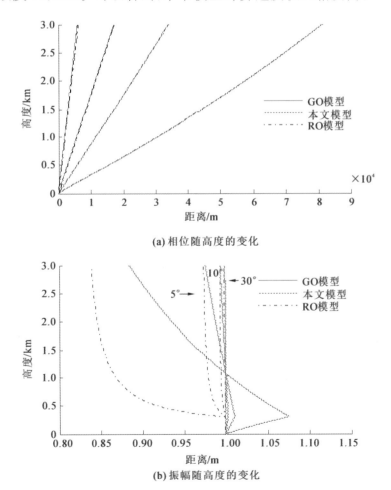

(a) 相位随高度的变化

(b) 振幅随高度的变化

图 5.7　射线的振幅和相位

表 5.2 3km 高度处射线的振幅与相位

角度	2°		5°		10°		30°	
模型	振幅	相位	振幅	相位	振幅	相位	振幅	相位
GO 模型	0.884	81392	0.976	34027	0.994	17232	0.999	6001
本书模型	0.884	81392	0.976	34027	0.994	17232	0.999	6001
RO 模型	0.839	81426	0.975	34114	0.994	17406	0.999	6516

5.4 基于几何光学的电磁场传播模型

均匀大气环境中电磁场的计算常采用双射线模型,模型基于几何光学原理,利用均匀大气条件下射线直线传播的特性,计算射线的传播轨迹,空间中点的场强即为直射波和反射波的相干叠加。然而,在复杂大气环境中,大气折射率不均匀,射线不再沿直线传播,无法利用双射线模型求解空间中的电磁场。利用本书给出的射线轨迹公式及振幅和相位的公式,对于折射率梯度为常数的大气环境,可求解空间中任意一点入射的射线及其参数,从而计算出空间的电磁场。对空间中任意点 (x,z),在已知射线初始位置 (x_0,z_0) 的条件下,利用射线公式和程函方程,可计算得到参数 q_0,并得到射线的初始传播角度 θ_0,从而得到射线的相位和传播因子。而对于复杂的大气环境,可利用射线轨迹方程的迭代,实现射线参数的求解,并得到观测点的场强。

然而,上述计算过程较为复杂,为简化计算过程,可先求解多个初始角 θ_0 不同的射线,并计算其射线轨迹、场强和相位,那么任意一点入射射线的场强和相位可利用插值计算。空间中的电磁场为多条射线产生的场的叠加。对于在波导层外的情况,射线未发生全反射,空间中点的电磁场由直射波和反射波叠加产生,从而可以得到传播因子。而在波导层内,射线可能发生全反射和海面反射,所以任意一点可能有多条射线经过,应先确定射线的个数,再利用叠加的方法计算电磁场。

5.4.1 电磁波传播模型

利用射线法计算大气波导条件下的电磁波,可将空间中的电磁波视为多个传播方向不同的射线,来求解空间中的电磁场。首先计算各个射线轨迹、相位、振幅等参数,然后利用已知的射线,求解到达接收点的射线参数,而接收点的场强即为多条射线的相干叠加。

设射线起始位置为 $(0, z_0)$,传播角度与水平面夹角为 α_0,那么可以得到相位的初值 φ_0:

$$\varphi_0 = n(z_0)(x\cos\alpha_0 + z\sin\alpha_0) = n(z_0)z_0\sin\alpha_0 \tag{5.4.1}$$

因此可以得到 p 和 q 的初值:

$$p_0 = n(z_0)\cos\alpha_0, q_0 = n(z_0)\sin\alpha_0 \tag{5.4.2}$$

大气中的折射率可用多个折射指数梯度不同的层来表示,而在同一层中,折射指数梯度表示为常数。若层的个数为 I,且第 i 层的折射率梯度为常数 τ_i,高度范围为 $[z_i, z_{i+1})$,则大气折射率 $n(z)$ 可表示为

$$n(z) = \tau_i \times (z - z_i) + n(z_i), z_i \leqslant z < z_{i+1}, i \in [1, I] \tag{5.4.3}$$

其中,$z_1 = 0$。在每一层内,射线的传播轨迹可利用式(5.3.20)及式(5.3.26)求解。当射线在高度 z_r 处发生全反射时,利用 Snell 定律可知,高度 z_2 处的大气折射指数 $n(z_2)$ 及参数 q_2 满足:

$$n(z_2) = p_0, q_2 = 0 \tag{5.4.4}$$

利用 x 与 q 的关系式(5.3.28)可得到,射线发生全反射时的水平距离:

$$x_2 - x_1 = \frac{p_0}{k}\ln\left(\frac{q_2 + \sqrt{q_2^2 + p_0^2}}{q_1 + \sqrt{q_1^2 + p_0^2}}\right) \tag{5.4.5}$$

式中，x_1 与 q_1 分别表示上一个步进位置处射线水平距离 x 和参数 q 的取值。

而射线的场强和振幅可利用式(5.3.33)、式(5.3.35)和式(5.3.43)计算得到，对于焦散区的振幅，可利用式(5.3.62)进行求解。

空间中电磁场的场强需要依据射线场强计算得到，射线模型中利用了高频场局部的平面波特性，用射线来近似表示空间中传播的电磁波，射线的传播方向与平面波的波前垂直，但在射线模型中忽略了电磁波的扩散造成的衰减，因而当折射率为常数时，利用式(5.3.43)计算得到的振幅不随传播距离的变化而变化。然而，对雷达等发射源为源点的传播条件进行建模时，应考虑电波在中自由空间中的传播损耗。

假设在 (x_1, z_1) 时，电磁波坡印亭矢量振幅值为 S_1，波前截面积为 D_1，而在 (x_2, z_2) 处，坡印亭矢量的振幅值为 S_2，波前截面积为 D_2，那么 S_1 和 S_2 之间应保证能量守恒：

$$S_1 D_1 = S_2 D_2 \tag{5.4.6}$$

于是，振幅 $A_0(x_2, y_2)$ 和 $A_0(x_1, y_1)$ 之间的关系可表示为

$$A_0(x_2, z_2) = \sqrt{\frac{n(z_1) D_1}{n(z_2) D_2}} A_0(x_1, z_1) = \sqrt{\frac{n(z_1)}{n(z_2)} \frac{r_1}{r_2}} A_0(x_1, z_1)$$
$$\tag{5.4.7}$$

式中，r 表示射线的传播距离。当射线传播角度为 α 时，射线距离 r 与水平距离 x 之间满足：

$$\mathrm{d}r = \frac{\mathrm{d}x}{\cos\alpha} = \frac{n(z)\mathrm{d}x}{p_0} = n(z)\mathrm{d}t \tag{5.4.8}$$

利用式(5.3.17)，可得到：

$$r(x, z) = \int_0^t (C_1 e^{kt} - C_2 e^{-kt})\mathrm{d}t = \frac{1}{k}\left(C_1 e^{kt} + C_2 e^{-kt} - \frac{q_0}{k}\right) \tag{5.4.9}$$

其中，$t = x/p_0$。

5.4.2 仿真与验证

5.4.2.1 标准大气条件下传播因子的比较

本书提出的传播模型可用于计算电磁波的传播因子。以雷达为例,假设雷达信号频率为 X 频段,大气环境为标准大气条件,修正折射率梯度为 0.118m/s,计算高度为 10km,计算距离为 500km。图 5.8(a)和(b)分别给出了本书模型和 PE 模型的计算结果,图 5.8(c)和(d)分别给出了 1km 及 10km 高度处两个模型中传播因子随距离的变化,图 5.8(e)给出了本书模型的平均误差随高度的变化曲线。对比图 5.8(a)和(b)可以看出,本书模型与 PE 模型的计算结果基本相似,具有相似的干涉条纹,且传播因子基本相同,但两个模型计算结果仍存在一定区别,主要表现在两个方面:一是初始角度较小的区域干涉条纹略有不同,且传播因子大小存在一些区别;二是本书模型传播因子略小于 PE 模型的计算结果,且随着高度的增高,差值逐渐增大。

在初始角较小的区域,即距离最远的干涉条纹处,本书模型与 PE 模型的计算结果存在一些差别,在图 5.8(c)和(d)中表现为最右侧的波峰差别较大。图 5.8(c)中,在 140km 附近处,PE 模型计算的传播因子随距离增大而逐渐减小,而本书模型的计算结果接近于 1,在图 5.8(d)中,这一差别主要出现在 410km 附近。其原因主要是,几何光学模型中电磁波的高频近似,忽略了电磁波传播过程中的散射及绕射等特性。因而,在 1km 高度,直射射线最远可到达 131km 附近,而反射场射线最远可到达 142km 附近,所以在 131~142km 范围内仅存在反射场而不存在直射场,而空间中的电磁场为直射电磁场和反射电磁场的叠加,所以计算的传播因子为 1。但 PE 模型中,空间中的电磁场利用波动方程求解,考虑了电磁波的散射,所以在 1km 高度处,131~142km 距离范围内,传播因子随距离增大而逐渐减小。

图 5.8(e)给出了本书模型传播因子与 PE 模型计算结果的差值随高度的变化,两个模型的差值随高度的增大而逐渐增大,但总体而言差别较小。从图 5.8(c)和(d)的比较中同样可以发现,PE 模型的计算结果大于本书模型的计算结果,主要表现在本书模型波峰的幅度略小于 PE 模型。在图 5.8(c)中右侧第二个波峰位置,即 112km 处,本书模型计算得到的传播因子为 1.82,而 PE 模型计算得到的传播因子为 1.87,在图 5.8(d)中第二个波峰位置,即 393km 处,本书模型计算得到的传播因子为 1.72,而 PE 模型计算得到的传播因子为1.86。

从运算时间上看,本书模型的计算时间约为 1.8s,而 PE 模型的运算时间约为 18.8min。在 PE 模型中,最大传播角度设为 8°,对于计算频率为 9GHz 的电磁场,为保证最大计算高度为 10km,且网格个数为 2 的整数倍,需要的高度网格个数为 2^{17}。当需要计算更大的传播角度时,PE 模型计算量将继续增大。但在计算高度较低区域内的电磁场时,PE 模型可快速精准地完成计算,同样,对于最大传播角为 8°的条件,计算频率为 9GHz 的电磁场,当最大计算高度为 100m 时,网格个数为 2^{10},运算时间仅为 9.2s,所以 PE 模型常用于研究低空条件下电磁波传播问题,用于分析对海雷达的超视距探测威力。而对于对空雷达探测范围的分析,需要计算高空中电磁场传播特性,PE 模型的运行时间较长。而在本书模型中,网格上的电磁场利用插值计算实现,所以网格间隔的设置并没有严格的要求,仅需保证输出的结果具有足够的分辨率,因而本书模型的计算时间通常较短。在本案例中,高度网格设置为 2000 个,高度间隔为 5m,计算时间为 1.8s,远小于 PE 模型运算时间。通过对比可以发现,本书模型可以更高效地计算大传播角的电磁波在高空的传播特性。

5.4.2.2　表面波导条件下传播因子的比较

在表面波导条件下比较本书模型与 PE 模型计算得到的传播因子。假设波导高度为 300m,折射率梯度在波导层内为 -0.118m/s,在波导层上为

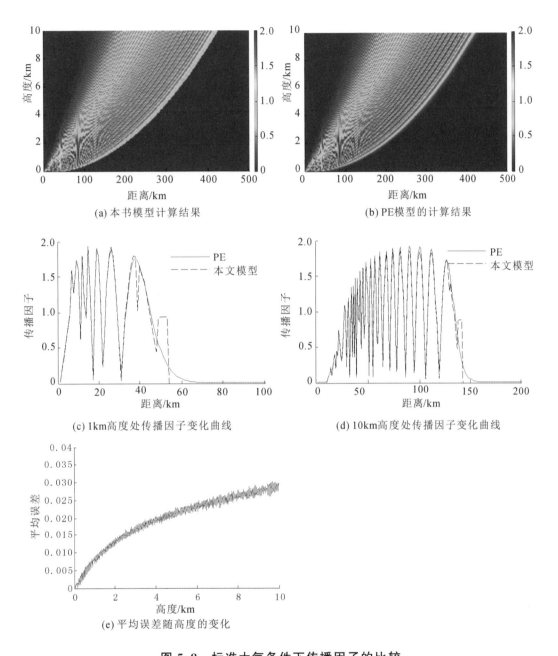

(a) 本书模型计算结果

(b) PE模型的计算结果

(c) 1km高度处传播因子变化曲线

(d) 10km高度处传播因子变化曲线

(e) 平均误差随高度的变化

图 5.8 标准大气条件下传播因子的比较

0.118m/s,同样以雷达为研究对象,假设雷达信号频率为 X 频段,计算 10km 高度和 500km 距离范围之内的电磁场,计算结果如图 5.9 所示。本书模型和 PE 模型在波导层上的计算结果基本相同,下面主要对波导层内的情况进行分析。

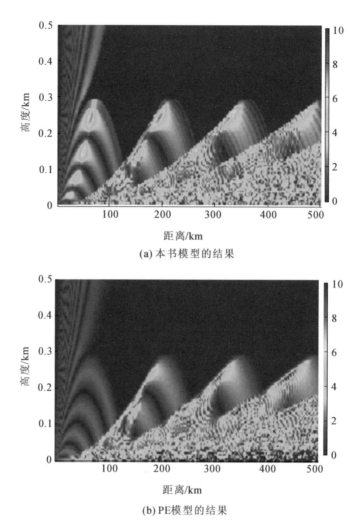

(a) 本书模型的结果

(b) PE模型的结果

图 5.9　表面波导条件下传播因子的比较

图 5.9(a)和(b)给出了两个模型在 500m 高度内的计算结果。从图中可以看出,两个模型计算的传播因子具有相似的干涉条纹,说明本书模型的相位较为准确,同时两模型的传播因子也大致相近,但在局部区域仍存在一定差别。在射线第一次发生全反射位置附近,对于距离为 68km、高度

为 250m 的接收点,本书模型计算的传播因子结果偏大。利用本书模型计算得到,经过这一点的射线个数为 2,但利用公式得到的射线振幅较大,所以在这一点处,本书模型和 PE 模型计算结果差别较大。在波导层内,本书模型的计算结果与 PE 模型结果仍存在一定的差别,其原因有两个:一是随着距离的增大,射线之间的距离逐渐增大,增大了计算误差;二是高频近似条件下,在波导层内射线的振幅的计算仍不够精确。

从运算时间上看,本书模型的运算时间为 4.9s,而 PE 模型的运算时间为 19min,相比于标准大气条件,本书模型的运算时间增大,主要是因为本书模型增加了对波导层内的传播因子的计算。然而,本书模型的运算时间仍远小于 PE 模型,具有更高的运算效率。

第6章 海上大气波导条件下舰载雷达探测威力

受海上大气波导条件的影响,电磁波传播特性会发生变化,从而改变雷达设备的探测性能。当电磁波陷获于波导层时,雷达射线在波导层内不断折射、反射,使电磁波被限制在波导层内,从而减小雷达电波的传播损耗,提高雷达探测能力。然而,电磁波的折射会改变雷达的盲区范围[141],同时波导层内电磁波能量的增大还会使得雷达回波中的海杂波功率增大[142],并降低雷达检测能力。

在信息化海战场中,准确实时评估舰艇雷达等电子设备的探测威力和使用效能,可有效提高武器装备的利用率及战场生存能力,是雷达使用和部署的重要依据[143]。复杂大气条件下评估雷达探测覆盖区域,需要求解雷达电磁波在空间中的衰减特性以及雷达的检测门限,并代入雷达方程中进行求解。本章主要对海上大气波导条件下雷达的探测威力进行建模,并研究大气波导条件下舰艇对海和对空雷达的探测威力。

6.1 海上大气波导条件下雷达威力预测模型

为预测海上大气波导条件下舰载雷达的探测威力,需要建立大气波导条件下雷达威力预测模型。雷达探测距离的预测方法可用图 6.1 表示,利用测量得到的气象水文参数,计算海上大气折射率,并代入电磁波传播模型中,计算海上电磁波的路径衰减。利用电磁波的衰减条件,可计算出海面的海杂波回波功率,然后将海杂波功率、电磁波传播路径衰减条件、雷达参数及目标特性代入雷达方程中,可计算出雷达的最大探测距离。

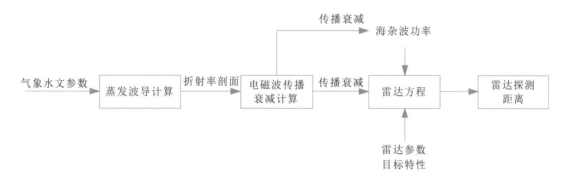

图 6.1 雷达探测距离计算流程框图

6.1.1 电磁波初始场与传播衰减

利用 PE 和射线模型计算空间中的电磁场,均需要得到天线位置处的初始场条件。利用 PE 模型求解空间中电磁场时,雷达天线位置处的初始场可利用雷达天线方向图函数的傅里叶逆变换计算得到。若天线方向图函数用 $f(p)$ 表示,依据镜像原理,天线初始场 $u(0,z)$ 的傅里叶变换可表

示为

$$U(0,p) = G[f(p)e^{-ipz_h} + |R|f(-p)e^{ipz_h}] \tag{6.1.1}$$

式中,G 表示归一化因子,p 表示空间垂直波数,z_h 表示天线高度,R 表示水面的反射系数。于是,天线初始场 $u(0,z)$ 可表示为

$$u(0,z) = \int_{-\infty}^{\infty} U(0,p)e^{ipz}\,\mathrm{d}p \tag{6.1.2}$$

$$u(0,z) = G[A(z-z_h) + |R|A^*(z+z_h)] \tag{6.1.3}$$

对于半功率波束宽度为 θ_{bw},天线的抬升角为 θ_e 的高斯型天线,其方向图函数 $f(p)$ 可表示为

$$f(p) = \exp(-(p-p_e)^2 w^2/4) \tag{6.1.4}$$

其中,$p_e = k\sin\theta_e$,参数 w 表示为

$$w = \frac{\sqrt{2\ln 2}}{k\sin\dfrac{\theta_{bw}}{2}} \tag{6.1.5}$$

利用几何光学模型计算电磁场初始条件时,需要知道不同传播方向 θ 上的场强,传播方向 θ 与空间垂直波数 p 之间的关系为

$$p = k\sin\theta \tag{6.1.6}$$

因此,对于高斯型天线,θ 方向上的初始场 $f(\theta)$ 可表示为

$$f(\theta) = \exp(-(k\sin\theta - k\sin\theta_e)^2 w^2/4) \tag{6.1.7}$$

而辛克型天线方向图可表示为

$$f(\theta) = \frac{\sin(w \times \sin(\theta - \theta_e))}{w \times \sin(\theta - \theta_e)} \tag{6.1.8}$$

雷达信号在传输路径的衰减特性,通常利用路径传输损耗进行度量,是计算雷达最大探测距离的重要依据。对于发射功率为 P_t 的电磁波,在距离 r 处天线的单程接收功率 P_r 可表示为

$$P_r = SA_e = \frac{P_t G_t}{4\pi r^2} F^2 \frac{\lambda^2}{4\pi} G_r \tag{6.1.9}$$

其中,λ 表示自由空间中电磁波波长;S 表示坡印亭矢量;A_e 为天线的有效

面积;G_t 和 G_r 分别表示发射和接收天线的天线增益;F 表示电磁波的传播因子,为自由空间电磁场和接收点电磁场之比:

$$F = \frac{|E|}{|E_0|} \tag{6.1.10}$$

其中,E 表示接收位置处电磁场的场强,而 E_0 表示自由空间的场强。

路径传输损耗 L_p 是两个点源天线($G=1$)之间辐射功率与接收功率的比值,表示为

$$L_p = \frac{P_t}{P_r} = \left(\frac{4\pi r}{\lambda}\right)^2 \frac{1}{F^2} \tag{6.1.11}$$

用 dB 表示,则路径传输损耗 L_p 可表示为

$$L_{p,\mathrm{dB}} = 20\lg\left(\frac{4\pi r}{\lambda}\right) - 20\lg F \tag{6.1.12}$$

式中第一项为自由空间传播过程造成的损耗,可用自由空间传播损耗 L_f 表示。利用抛物方程求解得到的波函数 $u(x,z)$,传播因子 F 可表示为

$$F = \sqrt{x}\,|u(x,z)| \tag{6.1.13}$$

6.1.2 海杂波模型

海杂波是经由海面反射的雷达回波,对雷达的检测性能有较大的影响。海杂波的强度与电磁波波长、极化及传播方向有关,还受到海情、风浪等气象因素的影响[144]。典型的海杂波模型有佐治亚理工学院提出的 GIT 模型,用于计算单位截面积下海面的散射系数。

当信号频率为 1~10GHz 时,水平极化电磁波的散射系数 σ^0_{HH} 表示为

$$\sigma^0_{HH} = 10\lg(3.9 \times 10^{-6}\lambda\theta^{0.4}A_aA_uA_w) \tag{6.1.14}$$

当信号频率为 1~3GHz 时,垂直极化条件下电磁波的散射系数 σ^0_{VV} 可表示为

$$\sigma^0_{VV} = \sigma^0_{HH} - 1.73\ln(h_{av} + 0.015) + 3.76\ln\lambda + 2.46\ln(\theta + 0.0001) + 22.2 \tag{6.1.15}$$

$$\sigma_{VV}^0 = \sigma_{HH}^0 - 1.05\ln(h_{av} + 0.015) + 1.09\ln\lambda + 1.27\ln(\theta + 0.0001) + 9.7$$

$$(6.1.16)$$

式中,θ 表示电磁波的掠射角,h_{av} 表示平均浪高。模型中 h_{av} 与风速 v_w 之间的关系表示为

$$h_{av} = (v_w/8.67)^{2.5} \qquad (6.1.17)$$

A_a 表示干涉因子,A_u 表示方位因子,A_w 表示风速因子。A_a、A_u 和 A_w 分别定义为

$$A_a = a^4/(1 + a^4) \qquad (6.1.18)$$

$$A_u = \exp(0.2\cos\varphi(1 - 2.8\theta)(\lambda + 0.02)^{0.4}) \qquad (6.1.19)$$

$$A_w = \left(\frac{1.9425v_w}{1 + v_w/15.4}\right)^{\frac{1.1}{(\lambda+0.02)^{0.4}}} \qquad (6.1.20)$$

式中,φ 表示风速,a 为粗糙度因子,表示为

$$a = (14.4\lambda + 5.5)\theta h_{av}/\lambda \qquad (6.1.21)$$

利用海面的散射系数 σ^0,可计算海杂波回波功率 P_c,表示为

$$P_c = \frac{4\pi P_t G^2}{L_p^2\lambda^2}A_c\sigma^0 \qquad (6.1.22)$$

式中,P_t 表示雷达的发射功率,G 表示雷达天线增益,L 表示单程传播损耗,A_c 表示距离 r 处雷达的照射面积,A_c 与 r 之间的关系可表示为

$$A_c = \frac{r\theta_{bw}\tau c}{2}\sec\theta \qquad (6.1.23)$$

其中,τ 表示雷达脉冲宽度,c 表示光速,θ_{bw} 表示雷达波束宽度,θ 为电磁波掠射角。

若用 dB 形式,海杂波功率 $P_{c,\text{dB}}$ 可表示为

$$P_{c,\text{dB}} = -2L_{p,\text{dB}} + \sigma_{\text{dB}}^0 + 10\lg r + C \qquad (6.1.24)$$

其中,C 为与雷达参数相关的常数。可以看出,大气波导环境中的海杂波功率 $P_{c,\text{dB}}$ 与 $L_{p,\text{dB}}$ 有关,可利用抛物方程进行求解。

6.1.3 雷达探测威力模型

大气波导条件下雷达的探测距离可利用单基地雷达方程进行求解,雷达回波功率可表示为

$$P_{r,\mathrm{dB}} = P_{t,\mathrm{dB}} + 2G + 10\lg\left(\frac{4\pi\sigma}{\lambda^2}\right) - L_{p,\mathrm{dB}} - L_{a,\mathrm{dB}} - L_s \quad (6.1.25)$$

式中,$P_{t,\mathrm{dB}}$ 表示雷达的发射功率,G 表示天线增益,σ 表示目标的雷达散射截面积,$L_{p,\mathrm{dB}}$ 表示路径损耗,$L_{a,\mathrm{dB}}$ 表示大气吸收损耗,L_s 表示雷达系统插入损耗。当雷达回波功率 $P_{r,\mathrm{dB}}$ 大于最小可检测信号功率 $S_{i\min}$ 时,目标可被雷达检测到。

最小可检测信号功率 $S_{i\min}$ 可表示为:

$$S_{i\min} = KT_0 B F_n \left(\frac{S}{N}\right)_{o\min} \quad (6.1.26)$$

式中,K 为玻尔兹曼常数,B 为接收设备带宽,F_n 为噪声系数,$\left(\dfrac{S}{N}\right)_{o\min}$ 表示最小输出信噪比,$T_0 = 290\mathrm{K}$。

大气吸收损耗 $L_{a,\mathrm{dB}}$ 与传播距离 r 之间的关系可表示为

$$L_{a,\mathrm{dB}} = \kappa r \quad (6.1.27)$$

式中,κ 为单程传播衰减系数,可表示为氧气衰减率 κ_0 和水汽的衰减率 κ_w 之和。若 ρ 为水汽密度($\mathrm{g/m^3}$),则水汽的衰减率 κ_w 和氧气衰减率 κ_0 的计算公式为

$$\kappa_w = \left[\begin{array}{c} 0.05 + 0.0021\rho + \dfrac{3.6}{(f-22.2)^2 + 8.5} + \\ \dfrac{10.6}{(f-183.3)^2 + 9.0} + \dfrac{8.9}{(f-325.4)^2 + 26.3} \end{array}\right] f^2\rho \times 10^{-4}$$

$$(6.1.28)$$

$$\kappa_0 = \left[7.19 \times 10^{-3} + \dfrac{6.09}{f^2 + 0.227} + \dfrac{4.81}{(f-57)^2 + 1.5}\right] f^2 \times 10^{-3}$$

$$(6.1.29)$$

其中,水汽密度 ρ 可通过温度 $T(℃)$ 和水汽压 e 计算:

$$\rho = 289 \frac{e}{T + 273.15} \qquad (6.1.30)$$

饱和水汽压 E、水汽压 e 和相对湿度 R_H 的关系满足:

$$e = R_H \times E \qquad (6.1.31)$$

当温度为 t 时,饱和水汽压 E 可表示为

$$E = 6.1078\exp\left(\frac{17.2693882(t + 273.2 - 273.16)}{t + 273.2 - 35.86}\right) \qquad (6.1.32)$$

6.2 蒸发波导条件下对海雷达探测威力

海上蒸发波导具有较高的发生概率,舰载对海雷达常利用这一波导条件实现海上目标的超视距探测。对海雷达探测威力主要受海面粗糙度和蒸发波导条件的影响,粗糙的海表面会使得电磁波传播衰减的增大,从而降低雷达探测距离。蒸发波导条件会改变雷达电磁波能量在空间中的分布,同时电磁波超视距传播的出现还会增大雷达回波中的海杂波,降低雷达性能。

6.2.1 舰船目标 RCS 模型

海上目标的最大探测距离,需要利用空间中电磁波传播衰减,并代入雷达探测威力预测模型中进行求解。在自由空间传播条件下,舰船目标 RCS 可利用点目标的 RCS 表示,但在大气波导条件下,海面上电磁场的传播衰减随高度变化较为明显,舰船目标的 RCS 需要表示为随高度变化的函数 $\sigma(z)$,此时目标总的 RCS 可表示为

$$\sigma_n = \int_0^H \sigma(z)\mathrm{d}z = \sigma_n \int_0^H p(z)\mathrm{d}z \qquad (6.2.1)$$

式中，H 表示目标的高度，$p(z)$ 表示目标 RCS 在不同高度上的分布情况。因此，式(6.1.15)的雷达方程应表示为

$$P_{r,\mathrm{dB}} = P_{t,\mathrm{dB}} + 2G + 10\lg\left(\frac{4\pi\sigma_n}{\lambda^2}\right) - L_s - 2L(r,z) \qquad (6.2.2)$$

式中，$P_{r,\mathrm{dB}}$ 表示雷达的接收功率，$P_{t,\mathrm{dB}}$ 表示雷达的发射功率，L_s 表示系统损耗，$L(r,z)$ 表示单程路径损耗，表示为

$$L(r,z) = 2\lg\left(\frac{4\pi r}{\lambda}\right) + L_{a,\mathrm{dB}}(r) - 5\lg\int_0^H F(r,z)p(z)\mathrm{d}z \qquad (6.2.3)$$

其中，$L_{a,\mathrm{dB}}$ 为大气吸收损耗，$F(r,z)$ 为电磁波传播因子。当雷达接收功率 $P_{r,\mathrm{dB}}$ 等于接收机最小可检测信号功率 $S_{i\min}$ 时，即表示对海雷达的最大探测距离。

6.2.2 对海雷达探测威力研究

大气波导条件下，雷达的最大探测距离主要与海上气象条件有关。海上波导条件会影响电磁波的传播方向，改变电磁场能量在空间中的分布，海上风速条件影响海面粗糙度，从而影响电磁波传播的衰减特性，同时风速条件还影响海杂波回波功率，从而影响雷达的检测性能。本节主要对波导条件及风速条件对雷达最大探测距离的影响进行探究。

6.2.2.1 不同波导高度及海面粗糙度条件下的雷达探测威力

为研究海上蒸发波导及粗糙海面条件对雷达最大探测距离的影响，通过仿真计算了雷达最大探测距离随波导高度和风速的变化。首先研究波导高度对对海雷达探测威力的影响，设波导强度相同，仅波导高度发生变化，图 6.2(a)给出了 15m 高度处利用 NPS 计算得到的大气折射率廓线，仿真中雷达参数如表 6.1 所示，同时传播模型中海面粗糙度利用 4m/s、6m/s

和 8m/s 条件下的风速。

表 6.1　雷达参数

雷达参数	数值
频率	X 频段
天线极化方式	水平极化
天线仰角	0°
天线高度	20m

图 6.2(b)给出了雷达最大探测距离随波导高度的变化。从图中可以看出,在上述波导条件下,雷达最大探测距离并不随着波导高度增大而单调递增。从初始高度开始,随着波导高度的增大,电磁波实现超视距传播,雷达的最大探测距离逐渐增大,到 14m 高度左右出现极大值。而随着波导高度继续增大,雷达最大探测距离逐渐降低,并在 19m 高度附近出现极小值。图 6.2(c)给出了风速为 6m/s 时 10m 高度处电磁波传播因子随传播距离的变化。可以看出,随着波导高度的增大,10m 高度处电磁波传播因子逐渐降低,所以最大探测距离随波导高度增大而降低的主要原因是由电磁波传播因子降低造成的,这也说明了在波导强度不变的条件下,电磁波传播损耗随波导高度的变化不是单调的。图 6.2(b)中 4m/s、6m/s 及 8m/s 风速条件下的 3 条曲线具有相同的变化规律,但风速的增大会使得雷达探测威力减小;同时 3 条曲线中极大值和极小值点出现的波导高度不同,随风速的增大,出现极值点的波导高度也逐渐降低。图 6.2(d)给出了 10m、15m 及 20m 波导高度条件下雷达探威力随风速的变化规律,从图中可以看出,风速的增大将降低雷达的最大探测距离,其原因主要是风速的增大使得海杂波和海面粗糙度增大,使得雷达电磁波传播损耗增大。

6.2.2.2　不同气象参数条件下的雷达探测威力

图 6.2 分析了特定蒸发波导条件下雷达的最大探测距离,然而蒸发波导条件与风速、湿度、气温、海温和气压等气象参数有关,为进一步分析气

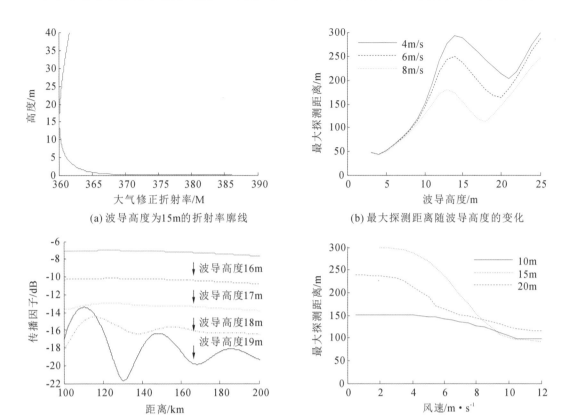

(a) 波导高度为15m的折射率廓线

(b) 最大探测距离随波导高度的变化

(c) 传播因子随距离的变化

(d) 最大探测距离随风速的变化

图 6.2 不同波导高度及粗糙海面条件下最大探测距离随波导高度的变化

象条件对雷达探测威力的影响,图 6.3 计算了不同气象参数条件下雷达的探测距离。设气温范围为 $-5 \sim 35 ℃$,气海温差为 $-2 \sim 2 ℃$,湿度为 $35\% \sim 95\%$,雷达参数如表 6.1 所示。需要说明的是,仿真中某些气象条件一般不会出现,比如气温较高时,湿度一般较高;气温较低时,海温一般高于气温,仿真中主要对雷达最大探测距离随气象参数的变化趋势进行分析。

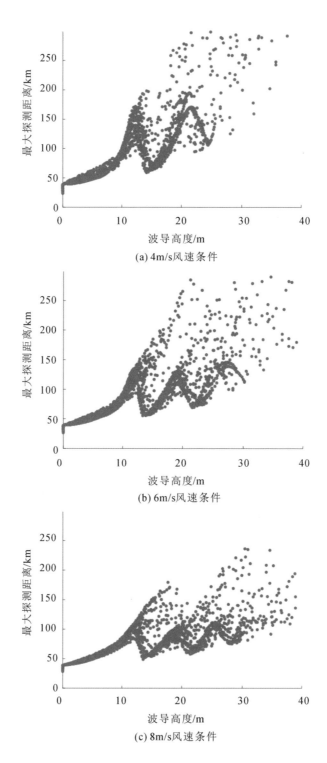

(a) 4m/s风速条件

(b) 6m/s风速条件

(c) 8m/s风速条件

图6.3 不同气象条件下雷达的最大探测距离

图 6.3 给出了不同气象条件下海上蒸发波导高度和雷达的探测威力。图6.3(a)、(b)和(c)分别给出了风速为 4m/s、6m/s 及 8m/s 时,不同气象参数条件下的波导高度及其对应的雷达最大探测距离。图中点的横坐标表示某一气象条件下计算得到的波导高度,纵坐标表示同一气象条件下计算得到的雷达探测威力。从图 6.3 中可以看出,点的分布存在两个趋势:一是在波导高度较高时,图中表现为波导高度高于 13m 时,点的分布较为发散,使得在同一波导高度条件下雷达探测威力可能存在较大的变化;二是在某些气象条件下,点的分布存在一定规律,且可用一条曲线表示,曲线的变化趋势趋于图 6.3(b)给出的曲线。在图 6.3(b)的仿真中,波导高度值是直接修改折射率廓线得到的,而图 6.3(a)中的波导高度是利用不同的气象参数计算得到的,两个结果存在一定的区别。从图 6.3 中同样可以看出,随着风速的增大,这条曲线极值点对应的波导高度同样会逐渐减小。

图 6.4 给出了 4m/s 风速条件下,气海温差不同时雷达探测威力与波导高度的计算结果,其中蓝色"×"号表示气海温差大于 0.5℃条件,红色"+"号表示气海温差 −0.5~0.5℃,黄色"•"号表示气海温差小于 0.5℃。根据 2.2 节的分析,当气海温差较大时,波导高度存在较大的波动。同时,从图 6.4 中可以看出,在计算的气象参数范围内,波导的最大高度达37.6m,并出现在气海温差大于0.5℃的条件下,与2.2节的分析结果一致。图 6.3(b)、(c)和(d)分别是 3 种不同气海温差条件下的计算结果。可以看出,当气海温差大于 0.5℃、波导高度大于 13m 时,点的分布较为发散,同一波导高度内最大探测距离的变化较大;当气海温差小于 0.5℃时,点的分布接近一条或多条直线,分布较为集中,点的变化趋势趋于图 6.3(b)给出的曲线。

图 6.5 给出了 4m/s 风速条件下,气温不同时雷达探测威力与波导高度的分布情况,图中蓝色"×"号表示气温小于 5℃条件,红色"+"号表示气温在 5~20℃范围内,黄色"•"号表示气温大于 20℃。3 种气温范围内,点

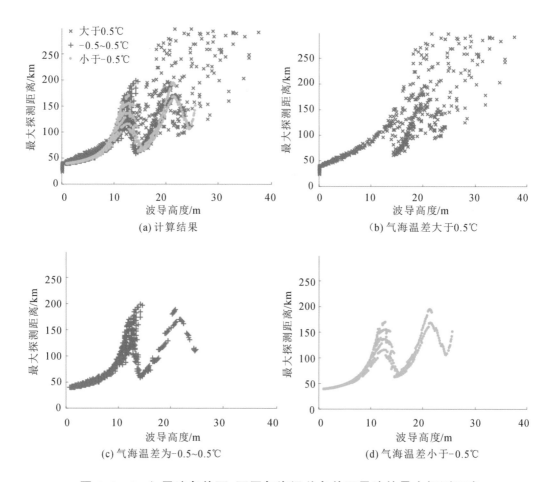

图 6.4　4m/s 风速条件下,不同气海温差条件下雷达的最大探测距离

的分布情况均存在一定规律性。当气温小于 5℃时,如图 6.5(b)所示,在波导高度高于 13m 时,点的分布存在一定程度的发散,但可以看出,雷达最大探测距离随波导高度的增大而增大,例外的情况出现在波导高度 23～24m,此时这些点的探测距离小于周边的点。当气温在 5～20℃范围内时,如图 6.5(c)所示,波导高度在 20m 左右时,点的分布较为发散,同一波导高度下雷达探测威力出现较大变化。而对于气温大于 20℃条件,如图 6.5(d)所示,雷达探测威力随波导高度的变化规律趋近一条直线。比较 3 种气象条件下雷达的探测威力还可以发现,在相同的波导高度条件下,气温

较低时雷达的最大探测距离较远。

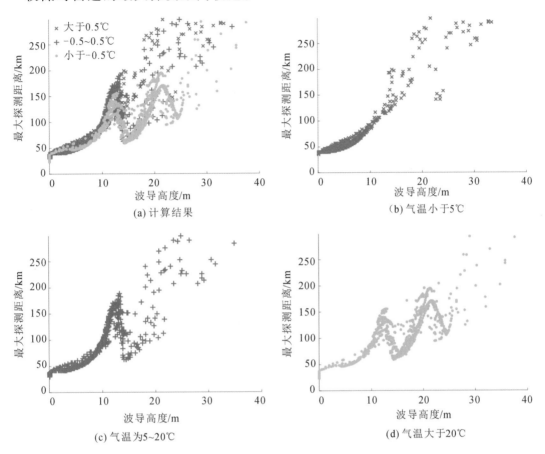

图 6.5 4m/s 风速条件下,不同气温条件下雷达的最大探测距离

图 6.6(a)给出了不同湿度条件下雷达的探测威力与波导高度的分布,图中蓝色"×"号表示气温小于 5℃ 条件,红色"＋"号表示气温在 5～20℃ 范围内,黄色"·"号表示气温差大于 20℃。在其他气象条件相同下,相对湿度越大则波导高度越低,因此从图中可以看出,相对湿度大于 75％时,波导高度大于 20m 的点较多。同时比较图 6.6(b)、(c)和(d)可以发现,3 种相对湿度范围内,点的分布均存在发散和收敛两种趋势,相对湿度越低,满足收敛趋势的点的最大波导高度越大,同时发散趋势起始的波导高度越高。

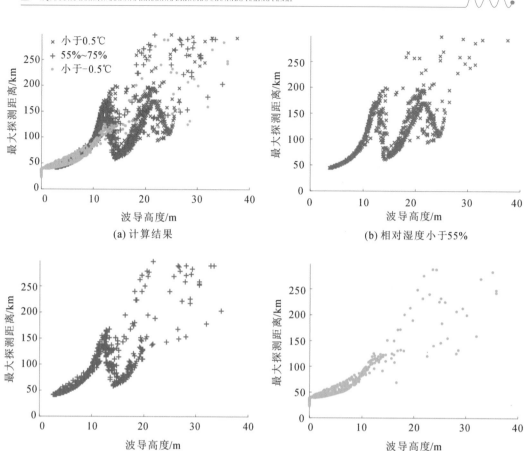

图 6.6　4m/s 风速条件下,不同相对湿度条件下雷达的最大探测距离

6.3　大气波导条件对对空雷达探测威力的影响

　　舰艇对空雷达用于探测并发现空域中的目标,实现对空的探测任务。雷达的对空探测存在电磁波不能到达的盲区,雷达盲区是舰船防御力量的薄弱环节,需要对盲区进行补盲。然而,在复杂海洋大气环境下,电磁波的传播轨迹会发生变化,造成雷达探测区域和盲区发生变化,使舰艇对空防御存在隐患。同时,大气波导条件下部分电磁波的传播轨迹贴近海面,还

会增大雷达海杂波回波[145-146]，缩短对空雷达的探测距离。

6.3.1 大气条件的影响

海上大气环境复杂多变，会改变电磁波的传播轨迹，从而改变雷达的探测区域和雷达探测盲区。为研究大气条件对舰载对空雷达威力的影响，仿真研究了不同大气条件下的雷达威力，雷达参数设置如表6.2所示。

表6.2 对空雷达参数

雷达参数	数值
频率	S频段
天线极化方式	水平
天线高度	20m

6.3.1.1 折射率梯度对探测区域的影响

无大气波导条件时，折射率梯度的变化会改变雷达的探测范围。当雷达抬升角为1°时，图6.7给出了不同折射率梯度条件下雷达的探测区域，图中黑线表示海表面，图6.7(a)和(b)为零折射大气条件下雷达的探测威力，大气修正折射率梯度为0.157m/s，此时雷达探测范围仅为视距范围。图6.7(c)和(d)给出了标准折射条件下雷达的探测威力，大气修正折射率梯度为0.118m/s。从图中可以看出，雷达探测区域发生了变化，在低空区域雷达探测威力增大。若以雷达位置处的水平方向为0°，那么在零折射大气条件下−0.17°方向上雷达的探测距离较近，表现为雷达盲区，而在标准大气条件下可探测到196km处的目标，同时，在0°方向上，雷达的探测距离由164km变为210km。在高空区域，标准折射条件下雷达探测威力降低，在2°方向上，雷达探测距离由158km降为138km。在次折射条件下，设大气修正折射率梯度为0.2m/s，雷达探测区域如图6.7(e)和(f)所示。从图中可以看出，次折射条件会增大低空盲区，如在0.05°方向上，零折射条件下雷达探测距离为190km，而在次折射条件下雷达探测距离为90km，在0.23°方向上，雷达探测距离由206km降为178km。相反，在高空区域，次折射条件下的雷达探测威力增大，如在2.3°方向上，雷达探测距离由112km变为138km。

在无大气波导的条件下，大气折射率梯度不同会改变雷达探测区域的变化。大气修正折射率梯度的增大会使雷达电磁波向上偏折，从而使雷达盲区的高度上升，并提高雷达在高空的探测距离。而大气修正折射率梯度的减小会使雷达电磁波向下偏折，雷达盲区的高度下降。

6.3.1.2 波导高度对探测区域的影响

大气波导的存在同样会改变雷达的探测区域。假设不考虑海杂波的影响，同时设波导高度以下的大气修正折射率梯度为-0.118m/s，而在波导高度以上大气修正折射率梯度为0.118m/s，图6.8给出了雷达抬升角为1°时不同波导高度条件下雷达探测的区域。图6.8(a)和图6.8(b)为无波导条件和波导高度为20m时雷达的探测区域。从图中可以看出，当波导高度为20m时，雷达在低空区域的探测范围发生变化，在-0.17°方向上，即雷达的第一个波瓣位置处，雷达探测距离由196km降为148km，同时可以明显观察到，贴近海面几个波瓣的高度向下偏移，这主要是大气波导条件使雷达射线向下偏折而形成，且传播角度越小，射线偏折越明显；而对于高度较高的区域，雷达射线传播角度较大，雷达探测区域变化较小。图6.8(c)和(d)给出了波导高度为50m时雷达探测区域的变化。从图中可以看出，由于波导高度的增大，雷达电磁波进一步向下偏折，在无大气波导时，雷达的第一个波瓣陷获在波导层内，而第二个波瓣的探测方向由0°变换到-0.13°，第三个波瓣的探测方向由0.18°变换到0.1°，但雷达的最大探测距离基本不变，在210km左右。随着波导高度继续增大，雷达波瓣将继续向下移动，当波导高度为150m时，由图6.8(e)和(f)可以看出，在无波导条件时第二个波

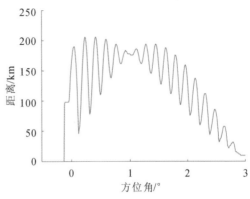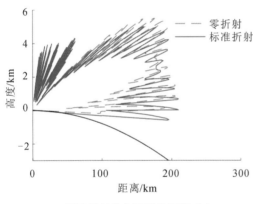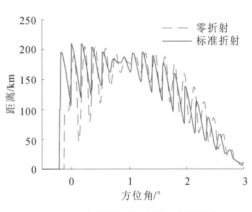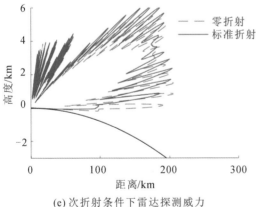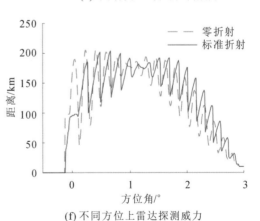

(a) 零折射大气条件下雷达探测威力

(b) 不同方位上雷达探测威力

(c) 标准折射条件下雷达探测威力

(d) 不同方位上雷达探测威力

(e) 次折射条件下雷达探测威力

(f) 不同方位上雷达探测威力

图 6.7　不同折射率梯度条件下雷达的探测区域

瓣已由 0°变换到 −0.31°，同时受大气波导的影响，部分能量陷获于波导层内，使第二个波瓣处雷达探测距离由 210km 降为 148km。同时从图中可以看出，其他雷达波瓣的探测区域发生明显变化，但探测距离基本不变。

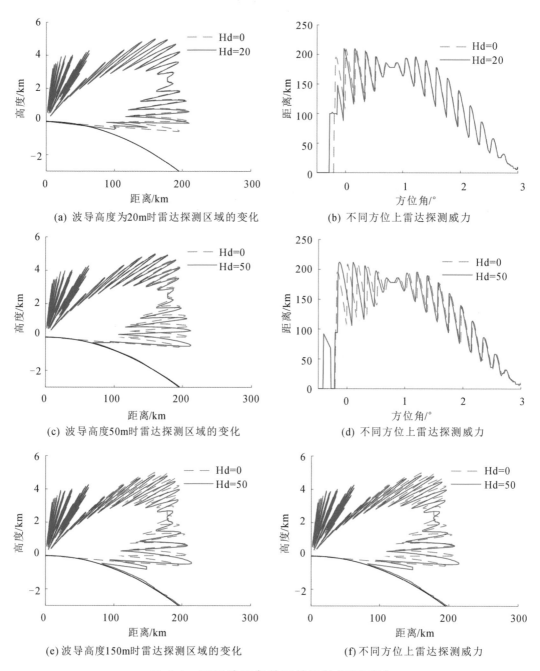

(a) 波导高度为20m时雷达探测区域的变化　　(b) 不同方位上雷达探测威力

(c) 波导高度50m时雷达探测区域的变化　　(d) 不同方位上雷达探测威力

(e) 波导高度150m时雷达探测区域的变化　　(f) 不同方位上雷达探测威力

图 6.8　不同波导条件下的雷达探测区域

从图 6.8 的比较中可以看出,随着波导高度的增大,雷达波瓣的探测区域会向海面方向移动,同时靠近海面的波瓣中部分电磁场会陷获于波导层内,使这部分波瓣的探测距离逐渐降低。

6.3.2 海杂波的影响

大气波导的存在将使部分雷达电磁波贴近海面向前传播,并在波导层内不断反射和折射,从而使海面上电磁波传播损耗减小,这将增大雷达回波中海杂波功率[142],使得回波中信杂比降低,从而降低雷达的监测性能,使雷达的最大探测距离减小。

为研究海杂波对雷达探测范围的影响,设雷达参数如表 6.2 所示,雷达抬升角为 1°,风速为 6m/s 时,波导高度以下的大气修正折射率梯度为 -0.118m/s,波导高度以上大气修正折射率梯度为 0.118m/s。图 6.9(a)和(b)给出了波导高度为 20m 时海杂波对雷达探测区域的影响。在波导高度为 20m 时,雷达电磁波受波导条件的影响向下偏折,但海面上海杂波回波功率存在一定变化,但变化较小,对雷达探测威力的影响较小,在雷达 $-0.06°$方位,雷达最大探测距离由 210km 降为 206km。而当波导高度为 30m 时,如图 6.9(c)和(d)所示,海杂波回波功率增大,在雷达 $-0.06°$方位,雷达最大探测距离由 210km 降为 184km。

海上大气条件会改变雷达探测的区域和距离,大气修正折射率梯度的增大,会使雷达在高空的探测距离增大,探测区域向上移动,但同时会扩大低空的探测盲区;而当大气修正折射率梯度减小时,雷达在高空的探测威力能将减弱,但在低空的探测威力将增强。而波导高度的增大,将使雷达波束向下偏移,靠近海面的雷达波瓣将逐渐陷获于波导层内,同时还会增大雷达回波中的海杂波功率,降低目标回波信杂比,使得雷达探测威力下降。

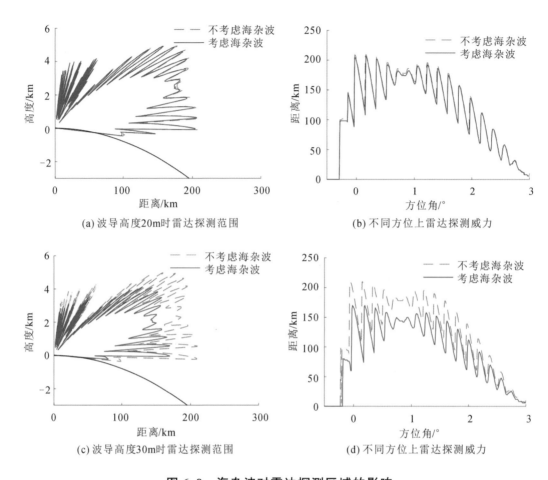

(a) 波导高度20m时雷达探测范围　　　(b) 不同方位上雷达探测威力

(c) 波导高度30m时雷达探测范围　　　(d) 不同方位上雷达探测威力

图 6.9　海杂波对雷达探测区域的影响

参 考 文 献

［1］ATTWOOD S S. Radio Wave Propagation between World Wars Ⅰ and Ⅱ［J］. Proceedings of the Ire,1962,50(5):688-691.

［2］KATZIN M,CAUCHMAN R,BINIAN W. 3 and 9 Centimeter Propagation in Low Ocean Ducts［J］. Proceedings of The IRE,1947,35: 891-905.

［3］PAULUS R A. VOCAR:An Experiment in Variability of Coastal Atmospheric Refractivity［C］. Geoscience and Remote Sensing Symposium. IEEE,1994:386-388.

［4］YARDIM C,GERSTOFT P,HODGKISS W S. Tracking Atmospheric Ducts using Radar Clutter:Surface-based Duct Tracking using Multiple Model Particle Filters［C］. IEEE Antennas and Propagation Society International Symposium. IEEE,2007:4008-4011.

［5］ANDERSON K D. Radar Detection of Low-altitude Targets in a Maritime Environment［J］. IEEE Transactions on Antennas & Propagation,1995,43(6):609-613.

［6］IVANOV V K,SHALYAPIN V N,LEVADNYI Y V. Determination of the Evaporation Duct Height from Standard Meteorological Data ［J］. Izvestiya Atmospheric & Oceanic Physics,2007,43(1):36-44.

［7］ANDERSON K D. 94-GHz Propagation in the Evaporation Duct［J］. IEEE Transactions on Antennas & Propagation,1990,38(5):746-753.

［8］ROWLAND J R,MEYER J H,NEUES M R. Time Scale Refractive

Index Measurements Within The Marine Evaporation Duct[C]. Geoscience and Remote Sensing Symposium. IEEE,1990:73-73.

[9]JESKE H. State and Limits of Prediction Methods of Radar Wave Propagation Conditions Over Sea[C]. Modern Topics in Microwave Propagation and Air-Sea Interaction. Netherlands,1973:130-148.

[10]PAULUS R A. Practical Application of an Evaporation Duct Model [J]. Radio Science,1985,20(4):887-896.

[11]BAUMGARTNER G B,HITNEY H V,PAPPERT R A. Duct Propogation Modelling for the Integrated Refractive Effects Prediction System(IREPS)[J]. IEE Proceedings Part F,1983,130(7):630-642.

[12]GUNASHEKAR S D,WARRINGTON E M,SIDDLE D R. Longterm Statistics Related to Evaporation Duct propagation of 2 GHz radio waves in the English Channel[J]. Radio Science,2010,45(6):45-64.

[13]LINDEM G,PATTRERSON W,BARRIOS A E,et al. Advanced Refractive Effects Prediction System[R]. Http://sunspot. spawar. navy. mil,2001.

[14]BARRIOS A E. Considerations in the Development of the Advanced Propagation Model(APM)for U. S. Navy applications[C]. Radar Conference Proceedings of the International. IEEE,2003:77-82.

[15]APAYDIN G,SEVGI L. Radio Wave Propagation and Parabolic Equation Modeling[M]. IEEE PRESS WILEY,2017.

[16]HITNEY H V,RICHTER J H,PAPPERT R A,et al. Tropospheric Radio Propagation Assessment[J]. Proceedings of the IEEE,2005,73(2):265-283.

[17]HITNEY H V. Statistical Assessment of Evaporation Duct Propa-

gateion[J]. IEEE Trans. Ant. and Prop. ,1990,38(6):794-799.

[18]ANDERSON K D. Radar Measurements at 16. 5GHz in the Oceanic Evaporation Duct[J]. IEEE Trans Antennas Propagation,1989,3: 100-106.

[19]ANDERSON K,DOSS S,FREDERICKSON P. Microwave and infra-red propagation over the sea during the rough evaporation duct(RED) experiment[C]. IEEE Conference on Military Communications. IEEE Computer Society,2003:1416-1421.

[20]FAIRALL C W,BRADLEY E F,ROGERS D P,et al. Bulk Parame-terization of Air-sea Fluxes for Tropical Ocean Global Atmosphere Coupled Ocean Atmosphere Response Experiment[J]. Journal of Geo-physical Research Oceans,1996,101:3747-3764.

[21]ANDERSON K,BROOKS B,CAFFREY P,et al. The RED Experi-ment:An Assessment of Boundary Layer Effects in a Trade Winds Regime on Microwave and Infrared Propagation over the Sea[J]. Bul-letin of the American Meteorological Society,2007,85(9):1355-1365.

[22]ANDERSON K,FREDERICKSON P A,TERRILL E. Air-sea Inter-action Effects on Microwave Propagation over the Sea during the Rough Evaporation Duct [C]. Springer Berlin Heidelberg,2003: 319-327.

[23]RICHTER J H,HITNEY H V. Antenna Height for Optimum Utili-zation of the Oceanic Evaporation Duct(Part Ⅰ & Ⅱ)[R]. San Diego CA:Naval Ocean Systems Center,1988.

[24]ROGERS L T,HATTAN C P,STAPLETON J K. Estimating Evapo-ration Duct Heights from Radar Sea Echo[J]. Radio Science,2016,35 (4):955-966.

[25]PALAZZI C M,WOODS G S. High Speed Over Ocean Radio Link to Great Barrier Reef[J]. TENCON,2005:1-6.

[26]刘成国,潘中伟,郭丽.中国低空大气波导出现概率和波导特征量的统计分析[J].电波科学学报,1996(2):60-66.

[27]刘成国,黄际英,江长荫,等.用伪折射率和相似理论计算海上蒸发波导剖面[J].电子学报,2001,29(7):970-972.

[28]戴福山.海洋大气近地层折射指数模式及其在蒸发波导分析上的应用[J].电波科学学报,1998,13(3):280-286.

[29]戴福山.海上湍流对雷达波传播影响模拟研究[J].电波科学学报,2013,28(1):82-88.

[30]田斌,察豪,李杰,等.PJ模型和伪折射率模型特性对比[J].华中科技大学学报(自然科学版),2009(9):29-32.

[31]田斌,孔大伟,周沫,等.蒸发波导迭代MGB模型适用性研究[J].电波科学学报,2013,28(3):188-192,197.

[32]宋伟,察豪,田树森.利用PJ模型计算最低陷获频率的适应性[J].火力与指挥控制,2012,37(3):146-149.

[33]田斌,察豪,张玉生,等.蒸发波导A模型在我国海区的适应性研究[J].电波科学学报,2009,24(3):556-561.

[34]左雷,察豪,田斌,等.海上蒸发波导PJ模型在我国海区的适应性初步研究[J].电子学报,2009,37(5):1100-1103.

[35]李诗明,陈陟,乔然,等.海上蒸发波导模式研究进展及面临的问题[J].海洋预报,2005,22(z1):128-139.

[36]郭相明,康士峰,张玉生,等.蒸发波导模型特征及其适用性研究[J].海洋预报,2013,30(5):75-83.

[37]杨坤德,马远良,史阳.西太平洋蒸发波导的时空统计规律研究[J].物理学报,2009,58(10):7339-7350.

[38]ZHANG Q,YANG K D,SHI Y. Spatial and temporal variability of the evaporation duct in the Gulf of Aden[J]. Tellus,2016,68:1-14.

[39]韩佳,焦林.舰载对海雷达大气波导盲区评估及其补盲措施研究[J].海洋技术学报,2017,36(6):91-95.

[40]焦林,张永刚.大气波导条件下雷达电磁盲区的预报研究[J].西安电子科技大学学报(自然科学版),2007,34(6):989-994.

[41]赵小龙,黄际英,王海华.蒸发波导环境中的雷达探测性能分析[J].电波科学学报,2006,21(6):891-894.

[42]黄小毛,张永刚,王华,等.大气波导对雷达异常探测影响的评估与试验分析[J].电子学报,2006,34(4):722-725.

[43]姚洪滨,王桂军,张尚悦.气象因素影响下的雷达作用距离预测[J].大连海事大学学报,2005,31(1):35-38.

[44]刘爱国,察豪.海上蒸发波导条件下电磁波传播损耗试验研究[J].电波科学学报,2008,23(6):1199-1203.

[45]田树森,察豪,周沫,等.蒸发波导与雷达最大探测距离查询数据库的设计[J].电波科学学报,2009,24(4):622-626,631.

[46]刘爱国,察豪,李忠猛.岸基微波超视距雷达探测距离预报方法[J].华中科技大学学报(自然科学版),2014,42(7):96-100.

[47]SHEN Y,ZHANG L,LIU D,et al. Comparisions of Ray-tacing and Parabolic Equation Methods for the Large-scale Complex with the Rapid Development of Wireless Communication Technology[J]. International Journal of Modeling Simulation & Scientific Computing,2012,3(02).

[48]ZHAO X,YANG P. A Simple Two-Dimensional Ray-Tracing Visual Tool in the Complex Tropospheric Environment[J]. Atmosphere,2017,8(2):35.

［49］HITNEY H V. Hybrid Ray Optics and Parabolic Equation Methods for Radar Propagation Modeling［C］. Proceedings of Radar, IEE Conf Pub. 1992,365:58-61.

［50］LEONTOVICH M,FOCK V. Solution of the Problem of Propagation of Electromagnetic Waves along the Earth's Surface by the Method of Parabolic Equation［J］. Acad. sci. ussr. j. phys,1946(7):557-573.

［51］HARDIN R H,TAPPERT F D. Application of the Split-step Fourier Method to the Numerical Solution of Nonlinear and Variable Coefficient Wave Equations［J］. Siam Review,1973,15(423):423.

［52］KUTTLER J R. Differences between the Narrow-angle and Wide-angle Propagators in the Split-step Fourier Solution of the Parabolic Wave Equation［J］. IEEE Transactions on Antennas & Propagation,1999,47(7):1131-1140.

［53］CLAERBOUT J F. Fundamentals of Geophysical Data Processing with Application to Petroleum Prospect［M］. New York:McGraw-Hill,1976.

［54］THOMSON D J,CHAPMAN N R. A Wide-angle Split-step Algorithm for the Parabolic Equation［J］. Journal of the Acoustical Society of America,1983,74(6):1848.

［55］FEIT M D,JR F J. Light Propagation in Graded-index Optical Fibers ［J］. Appl Opt,1978,17(24):3990-8.

［56］OSTASHEV V E,JUVE D,BLANCBENON P. Derivation of a Wide-Angle Parabolic Equation for Soound Waves in Inhomogeneous Moving Media［J］. Acta Acustica United with Acustica,1997,83(3):455-460.

［57］COLLINS M D,EVANS R B. A two-way parabolic equation for acoustic backscattering in the ocean[J]. Acoustical Society of America Journal,1992,91(3):1357-1368.

[58]HOLM P D. Wide-Angle Shift-Map PE for a Piecewise Linear Terrain A Finite-Difference Approach[J]. IEEE Transactions on Antennas & Propagation,2007,55(10):2773-2789.

[59]WANG L,YUAN Y,ZHU M. Study on the Propagation Characteristics of Electromagnetic Waves in Horizontally Inhomogeneous Environment[J]. Lecture Notes in Electrical Engineering,2011,97(3): 113-114.

[60]ZHANG P,BAI L,WU Z,et al. Applying the Parabolic Equation to Tropospheric Groundwave Propagation:A review of recent achievements and significant milestones[J]. IEEE Antennas & Propagation Magazine,2016,58(3):2-15.

[61]ZAPOROZHETS A A,LEVY M F. Bistatic RCS calculations with the vector parabolic equation method[J]. IEEE Transactions on Antennas & Propagation,1999,47(11):1688-1696.

[62]MALLAHZADEH A R,SOLEIMANI M,RASHED M J. RCS Computation of Airplane Using Parabolic Equation[J]. Progress in Electromagnetics Research,2005,4(4):265-276.

[63]DOCKERY G D. Modeling Electromagnetic Wave Propagation in the Troposphere Using the Parabolic Equation[J]. IEEE Trans. Antennas Propagat. ,1988,36(10):1464-1470.

[64]DOCKERY G D,KONSTANZER G C. Recent Advances in Prediction of Tropospheric Propagation using the Parabolic Equation[J]. Johns Hopkins Apl. Technical Digest,1987,8(4):404-412.

[65]DOCKERY G D,KUTTLER J R. An Improved Impedacne-Boundary

Algorithm for Fourier Split-Step Solutions of the Parabolic Wave E-quation[J]. Radio Science,1996,44(12):1592-1599.

[66]AKLEMAN F,SEVGI L. A Novel MoM- and SSPE-based Groundwave-Propagation Field-Strength Prediction Simulator[J]. IEEE Antennas & Propagation Magazine,2007,49(5):69-82.

[67] BEILIS A,TAPPERT F D. Coupled Mode Analysis of Multiple Rough Surface Scattering[J]. Journal of the Acoustical Society of America,1979,62(3):811-826.

[68]BARRIOS A E. A Terrain Parabolic Equation Model for Propagation in the Troposphere[J]. IEEE Transactions on Antennas and Propagation,1994,42(1):90-98.

[69]DONOHUE D J,KUTTLER J R. Propagation Modeling over Terrain using The Parabolic Wave Equation[J]. IEEE Transactions on Antennas & Propagation,2000,48(2):260-277.

[70]WANG D D,XI X L,PU Y R,et al. Parabolic Equation Method for Loran-C ASF Prediction Over Irregular Terrain[J]. IEEE Antennas & Wireless Propagation Letters,2016,15:734-737.

[71]DOCKERY G D,AWADALLAH R S,FREUND D E,et al. An Overview of Recent Advances for the TEMPER Radar Propagation Model [C]. Radar Conference. IEEE Xplore,2007:896-905.

[72]FREUND D E,WOODS N E,KU H C,et al. Forward Radar Propagation over a Rough Sea Surface:A Numerical Assessment of the Miller-Brown Approximation using a Horizontally Polarized 3-GHz Line Source[J]. IEEE Transactions on Antennas & Propagation,2006,54(4):1292-1304.

[73]GUILLET N,FABBRO V,BOURLIER C,et al. Low Grazing Angle

Propagation above Rough Surface by the Parabolic Wave Equation[C]. Geoscience and Remote Sensing Symposium 2003 IEEE International. IEEE,2003,7:4186-4188.

[74]PINEL N,BOURLIER C,SAILLARD J. Forward Radar Propagation Over Oil Slicks on Sea Surfaces Using the Ament Model with Shadowing Effect[J]. Progress In Electromagnetics Research,2007,76:95-126.

[75]MA B,ZHANG X,ZHANG Z. The Modeling of Radar Electromagnetic Propagation by Parabolic Equation[C]. Advances in Computer Science,Environment,Ecoinformatics,and Education. Springer Berlin Heidelberg,2011:137-149.

[76]FREUND D E,WOODSN E,KU H C,et al. The Effects of Shadowing on Modelling Forward Radar Propagation over a Rough Sea Surface[J]. Waves in Random & Complex Media,2008,18(3):387-408.

[77]SEVGI L. A Ray-Shooting Visualization MATLAB Package for 2D Ground-Wave Propagation Simulations[J]. IEEE Antennas & Propagation Magazine,2004,46(4):140-145.

[78]AKBARPOUR R,WEBSTER A R. Ray-tracing and Parabolic Equation Methods in the Modeling of a Tropospheric Microwave Link[J]. IEEE Transactions on Antennas & Propagation,2005,53(11):3785-3791.

[79]胡绘斌,毛钧杰,柴舜连.电波传播中求解宽角抛物方程的误差分析[J].电波科学学报,2006,21(2):199-203.

[80]康士峰,葛德彪.抛物型波方程方法研究复杂环境对雷达和通信传播的影响[J].电子学报,2000,28(6):68-71.

[81]郭立新,李宏强,杨超,等.改进DMFT算法研究粗糙海上蒸发波导中

的电波传输特性[J].电波科学学报,2009,24(3):414-421.

[82]郭建炎,王剑莹,龙云亮.基于抛物方程法的粗糙海面电波传播分析[J].通信学报,2009,30(6):47-52.

[83]刘勇,周新力,金慧琴,等.粗糙海面对电波传播的影响研究[J].无线电工程,2012,42(3):38-40.

[84]刘勇,周新力,裴瑞杰,等.基于抛物方程的海上电波传播研究[J].通信技术,2012,45(1):4-6.

[85]黄麟舒,察豪.微波信号海面超视距传播的建模和试验分析[J].火力与指挥控制,2013,38(2):52-54.

[86]黄麟舒,察豪,李洪科,等.粗糙海面蒸发波导传播和近掠入射散射分析[J].电波科学学报,2012(3):60-65.

[87]刘成国.蒸发波导环境特性和传播特性及其应用研究[D].西安:西安电子科技大学,2003.

[88]孙方,王红光,康士峰,等.几何光学在大气波导传播模式中的应用[C].全国电波传播学术讨论年会.2009.

[89]黄小毛,张永刚,王华,等.射线跟踪技术用于分析波导环境下电波异常折射误差[J].微波学报,2006,22(b06):192-198.

[90]GRACHEV A A,ANDREAS E L,FAIRALL C W,et al. SHEBA flux – profile relationships in the stable atmospheric boundary layer [J]. Boundary-Layer Meteorology,2007,124(3):315-333.

[91]郭淑霞,胡占涛,王凤华,等.海战场复杂电磁环境预测方法[J].红外与激光工程,2014,43(8):2431-2436.

[92]HACCK T,WANGC G,GARRETT S,et al. Mesoscale modeling of boundary layer refractivity and atmospheric ducting[J]. Journal of Applied Meteorology and Climatology,2010,49(12):2437-2457.

[93]VANDER LAAN M P,KELLY M C,SORENSEN N N. A New k-ep-

silon model Consistent with Monin－Obukhov Similarity Theory[J]. Wind Energy,2017,20.

[94]DING J,FEI J,HUANG X,et al. Development and Validation of an Evaporation Duct Model. Part I:Model Establishment and Sensitivity Experiments[J]. 气象学报:英文版,2015,29(3):467-481.

[95]李磊,吴振森,林乐科,等. 海上对流层微波超视距传播与海洋大气环境特性相关性研究[J]. 电子与信息学报,2016,38(1):209-215.

[96]MESNARD F,SAUVAGEOT H. Climatology of anomalous propagation radar echoes in a coastalarea[J]. Journal of Applied Meteorology and Climatology,2010,49(11):2285-2300.

[97]曹长宏,蒋立辉. 高精度超声波测风仪的设计[J]. 传感器与微系统,2010,29(2):87-92.

[98]王国峰,赵永生,范云生. 风速风向测量误差补偿算法研究[J]. 仪器仪表学报,2013,34(4):786-790.

[99]王金良,宋金宝. 晃动平台上海-气通量观测误差矫正模型[J]. 海洋科学,2011,35(12):106-112.

[100]LI H,PINEL N,BOURIER C. Polarized infrared reflectivity of 2D sea surfaces with two surface reflections[J]. Remote Sensing of Environment,2014,147(9):145-155

[101]谷延锋,丰炳波,郑贺,等. 基于多时相多光谱红外图像浅层地下目标探测[J]. 哈尔滨工业大学学报,2014,46(3):14-19.

[102]杨尧,吴振森,姚连兴,等. 从红外辐照热平衡方程求解海面温度[J]. 红外与毫米波学报,2003,05:357-360.

[103]易金桥,黄勇,廖红华,等. 热释电红外传感器及其在人员计数系统中的应用[J]. 红外与激光工程,2015,44(04):1186-1192.

[104]KARINE C,SANDRINE F,CHRISTOPHE B. Multiresolution Op-

tical Characteristics of Rough Sea Surface in the Infrared[J]. Applied Optics,2007,22(46):5471-5481.

[105]IQBAL A,JEOTI V. A Novel Wavelet-galerkin Method for Modeling Radio Wave Propagation in Tropospheric Duct[J]. Progress in Electromagnetics Research B,2013,36:35-52.

[106]SIRKOVA I,MIKHALEV M. Parabolic Wave Equation Method Applied to the Tropospheric Ducting Propagation Problem:A survey [J]. Electromagnetics,2006,26(2):155-173.

[107]SIRKOVA I. Brief Review on PE Method Application to Propagation Channel Modeling in Sea Environment[J]. Central European Journal of Engineering,2012,2(1):19-38.

[108]BOURLIER C,LI H,PINEL N. Low-Grazing Angle Propagation and Scattering Above the Sea Surface in the Presence of a Duct Jointly Solved by Boundary Integral Equations[J]. IEEE Transactions on Antennas & Propagation,2015,63(2):667-677.

[109]张青洪,廖成,盛楠,等. Pade 型双向抛物方程及其在室内电波传播问题中的应用研究[J]. 电子学报,2015,34(08):1668-1672.

[110]OZGUN O,APAYDIN G,KUZUOGLU M,et al. PETOOL:MATLAB-based one-way and two-way split-step parabolic equation tool for radiowave propagation over variable terrain[J]. Computer Physics Communications,2011,182(12):2638-2654.

[111]张青洪. 大区域地理环境的电磁建模及高效抛物方程方法研究[D]. 成都:西南交通大学,2016.

[112]魏乔菲,尹成友,范启蒙. 存在障碍物时电波传播抛物线方程分析及其验证[J]. 物理学报,2017,66(12):152-159.

[113]张海勇,周朋,徐池,等. 蒸发波导条件下海上超视距通信距离研究

[J]. 电讯技术,2015,55(1):39-44.

[114]GUO Q,ZHOU C,LONG Y. Greene Approximation Wide-Angle Parabolic Equation for Radio Propagation[J]. IEEE Transactions on Antennas & Propagation,2017,PP(99):1-1.

[115]ORAIZI H,HOSSEINZADEH S. Radio-Wave-Propagation Modeling in the Presence of Multiple Knife Edges by the Bidirectional Parabolic-Equation Method[J]. IEEE Transactions on Vehicular Technology,2007,56(3):1033-1040.

[116]BARRIOS A. Modeling surface layer turbulence effects at microwave frequencies[C]. Radar Conference,2008. RADAR 08. IEEE. IEEE,2008:1-6.

[117]郭相明,王红光,孙方,等.湍流影响下的近海面大气折射率剖面[J].微波学报,2014,30(3):54-58.

[118]孙方,康士峰,张玉生,等.湍流环境下的大气波导信道衰落特性研究[J].现代雷达,2015,37(3):71-74.

[119]REDDY L R G,REDDY B M. Sea Breeze Signature on Line-of-Sight Microwave Links in Tropical Coastal Areas[J],Radio Science,2007,42(4):1-13.

[120]BOURLIER C. Propagation and Scattering in Ducting Maritime Environments from an Acelerated Boundary Integral Equation[J]. IEEE Transactions on Antennas & Propagation,2016,64(11):4794-4803.

[121]张东民,廖成,张青洪.基于分形的粗糙海面三维抛物方程模型及其应用[J].电波科学学报,2016,31(5):870-876.

[122]HRISTOV T S,ANDERSON K D,FRIEHE C A. Scattering Properties of the Ocean Surface:the Miller-Brown-Vegh Model Revisited[J]. IEEE Transactions on Antennas and Propagation,2008,56(4):

1103-1109.

[123]BOURIER C,PINEL N,FABBRO V. Illuminated Height PDF of a Random Rough Surface and Its Impact on the Forward Propagation above Oceans at Grazing Angles[C]. European Conference on Antennas and Propagation. France,2006:1-6.

[124]BARRICK D E. Grazing Behavior of Scatter and Propagation above any Rough Surface[J]. IEEE Transactions on Antennas & Propagation,1998,46(1):73-83.

[125]张利军,王红光,康士峰,等.近海面电波传播试验与损耗模型分析[J].微波学报,2017,33(1):86-90.

[126]邵轩,楚晓亮,王剑,等.风浪因素对海洋波导雷达回波作用机理的研究[J].物理学报,2012,61(15):558-566.

[127]BOURLIER C. Propagation and Scattering in Ducting Maritime Environments from an Accelerated Boundary Integral Equation[J]. IEEE Transactions on Antennas & Propagation,2016,64(11):4794-4803.

[128]MILLER A R,BROWN R M,VEGH E. New derivation for the rough-surface reflection coefficient and for the distribution of sea-wave elevations[J]. IEE Proceedings H - Microwaves,Optics and Antennas,1984,131(2):114-116.

[129]FABBRO V,BOURLIER C,COMBES P F. Forward Propagation Modeling above Gaussian Rough Surfaces by the Parabolic Shadowing Effect[J]. Journal of Electromagnetic Waves and Applications,2006,58(1):243-269.

[130]APAYDIN G, SEVGI L. MatLab-based FEM-Parabolic Equation Tool for Path Loss Calculations along Multi-Mixed-Terrain Paths

[J]. IEEE Antennas & Propagation Magazine,2014,56(3):221-236.

[131]ELFOUHAILY T,CHAPRON B,KATSAROS K,et al,A Unified Directional Spectrum for Long and Short Wind-Driven Waves[J]. Journal of Geophysical Research,1997,102(7):781-796.

[132]张青洪,廖成,盛楠,等. 抛物方程方法的亚网格模型及其应用研究 [J]. 电子与信息学报,2014,36(8):2005-2009.

[133]SHENG N,ZHONG X M,ZHANG Q,et al. Study of Parabolic E- quation Method for Millimeter-Wave Attenuation in Complex Mete- orological Environments[J]. Progress in Electromagnetics Research M,2016,48:173-181.

[134]赵小龙. 电磁波在大气波导环境中的传播特性及其应用研究[D]. 西 安:西安电子科技大学,2008.

[135]ZHAO X. Evaporation Duct Height Estimation and Source Localiza- tion From Field Measurements at an Array of Radio Receivers[J]. IEEE Transactions on Antennas & Propagation, 2012, 60 (2): 1020-1025.

[136]DINC E,AKAN O B. Channel Model for the Surface Ducts:Large- scale Path-Loss,Delay Spread,and AOA[J]. IEEE Transactions on Antennas & Propagation,2015,63(6):2728-2738.

[137]NAFISI V,MADZAK M,BöHM J,et al. Ray-traced tropospheric de- lays in VLBI analysis[J]. Radio Science,2012,47(2):2020-2036.

[138]ZHANG X,SOOD N,SIU J K,et al. A Hybrid Ray-Tracing/Vector Parabolic Equation Method for Propagation Modeling in Train Com- munication Channels[J]. IEEE Transactions on Antennas & Propa- gation,2016,64(5):1840-1849.

[139]VALTR P,PECHAC P. Tropospheric Refraction Modeling Using

Ray-Tracing and Parabolic Equation[J]. Radio engineering,2005,14(4):98-104.

[140]GEGOUT P,OBERLé P,DESJARDINS C,et al. Ray-Tracing of GNSS Signal Through the Atmosphere Powered by CUDA,HMPP and GPUs Technologies[J]. IEEE Journal of Selected Topics in Applied Earth Observations & Remote Sensing,2014,7(5):1592-1602.

[141]白璐,张沛,吴振森,等.海上对流层大气波导顶部电磁盲区研究[J].电波科学学报,2016,31(02):278-283.

[142]ZHANG J,WU Z,ZHU Q,et al. A Four Parameter M-profile Model for the Evaporation Duct Estimation from Radar Clutter[J]. Progress in Electromagnetics Research,2011,114(8):353-368.

[143]刘爱国,察豪,李忠猛.岸基微波超视距雷达探测预报方法[J].华中科技大学学报(自然科学版),2014,42(7):96-100.

[144]DOUVENOT R,FABBRO V,GERSTOFT P,et al. Real Time Refractivity From Clutter using a Best Fit Approach Improved with Physical Information[J]. Radio Science,2016,45(1):1-13.

[145]BOURIER C,BERGINC G. Microwave Analytical Backscattering Models from Randomly Rough Anisotropic Sea Surface Comparison with Experimental Data in C and Ku bands[J]. Progress in Electromagnetics Research,2002,37(8):31-78.

[146]ZHAO X F,HUANG S X,WANG D X. Using Particle Filter to Track Horizontal Variations of Atmospheric Duct Structure from Radar Sea Clutter[J]. Atmospheric Measurement Techniques,2002,5(11):2859-2866.